环境污染物检测与处理技术

乔 宇 著

中国科学技术出版社

·北 京·

图书在版编目（CIP）数据

环境污染物检测与处理技术 / 乔宇著 . —— 北京：
中国科学技术出版社 , 2025. 5. —— ISBN 978-7-5236
-1340-5

Ⅰ. X83；X506

中国国家版本馆 CIP 数据核字第 2025LN3141 号

策划编辑	王晓义	
责任编辑	李新培	
封面设计	郑子玥	
正文设计	中文天地	
责任校对	吕传新	
责任印制	徐　飞	

出　　版	中国科学技术出版社
发　　行	中国科学技术出版社有限公司
地　　址	北京市海淀区中关村南大街 16 号
邮　　编	100081
发行电话	010-62173865
传　　真	010-62173081
网　　址	http://www.cspbooks.com.cn

开　　本	720mm×1000mm　1/16
字　　数	172 千字
印　　张	10.5
版　　次	2025 年 5 月第 1 版
印　　次	2025 年 5 月第 1 次印刷
印　　刷	涿州市京南印刷厂
书　　号	ISBN 978-7-5236-1340-5 / X·164
定　　价	79.00 元

前　言

　　近年来，科技和工业的快速发展在推动社会进步的同时也给人们的生活环境带来了许多负面影响，因此日益严重的环境污染是亟待解决的问题之一。随着各种工业和轻工业的兴起，含有大量污染物的工业废水的排放造成水体污染相当严重，破坏生态系统平衡，甚至危害人类的身体健康。因此，灵敏检测及高效去除水环境中的污染物已成为当前研究者们所关注的焦点。目前，多孔材料的发展为解决水环境污染问题提供了理论基础和技术支持。

　　金属—有机骨架（Metal-Organic Frameworks，MOFs）是由有机配体连接金属节点/簇形成的多维晶体杂化材料，目前已经成为一种新型多功能材料。MOFs 类材料不仅拥有超大的比表面积和多孔性质及高度结晶性，而且孔道内部有排列规则、密集的吸附活性位点，使之在气体存储与分离、质子传导、传感、磁性和非均相催化等领域有着广泛的应用前景。

　　本书从改善和提高 MOFs 材料的性能出发，以多氮杂环配体、有机羧酸配体为构筑模块，结合不同的金属盐，通过调控材料的合成方法、反应条件及表面形貌特征，设计并可控构建出系列新型高效稳定的 MOFs。从中筛选出具有适宜孔道尺寸的 MOFs 材料，对这些材料的晶相、结构和组成做了详细的分析，并开展对环境中污染物（有机染料、金属离子和硝基芳香族化合物）的光催化降解、灵敏检测和选择性吸附与分离的研究。

目　录
CONTENTS

第 4 章　基于 2-（4-羧基苯基）咪唑并 [4，5-f] [1，10] 邻菲啰啉和芳香羧酸配体构筑配合物的结构及其荧光传感性能研究　/ 083

第5章 基于 MOFs-Shell 型多孔材料的构筑及其选择性吸附分离性能研究 / 117

第 1 章

绪论

1.1 引言

水被人们称为"生命之源"，对人类来说有着不可替代的作用[1]。地表约71%被水覆盖，但其中绝大部分为海水，这就导致淡水资源相对不足。近年来，科技和工业的日益发展推动了社会进步，也给我们的生活带来了许多负面影响，如何降低环境污染是亟待解决的问题。目前，污染物主要来源于各种工业，特别是纺织工业和印染工业，与其他行业相比耗水量较大，对水体环境和生态系统造成了严重的威胁。为此，对水资源的合理利用以及治理水体污染已经刻不容缓[2]。

多孔配位聚合物与传统的多孔材料（如沸石、分子筛、介孔二氧化硅、活性炭等）相比，具有超低密度、超高比表面积、可调控的孔径尺寸、可修饰的孔道表面、不溶于常见溶剂等特点，为其成为活性高、易回收的材料提供了可能。作为一类重要的多孔配位聚合物，金属—有机骨架材料：①拥有均一可控的纳米级的孔道或孔体积，具有很高的孔隙率以及巨大的比表面积[3]；②通过改变中心金属离子与有机配体，可以灵活地调控其结构及内、外表面官能团，使MOFs的骨架与客体分子之间存在物理吸附（如范德华力、静电引力、氢键等弱相互作用力）或者化学吸附，将客体分子较好的富集、固定在孔道中[4]。此外，MOFs材料不溶于多数常见溶剂，具有较高的热稳定性和优良的化学性质。与传统的多孔材料载体相比，MOFs材料利用自身的结构特性，在选择性识别与检测以及高效去除水体污染物的研究方面具有独特的优势。

1.2 金属—有机骨架材料的简介及发展

MOFs 材料是由有机配体与金属离子或金属簇通过配位键组装而形成的化合物（图 1.1）。由于 MOFs 材料特殊的结构和自身功能的多样性，如较高的孔隙率，较大的比表面积，以及易于调控和可修饰性而引起人们对此类化合物的广泛研究，使之成为现今高速发展的新型材料和重要研究领域。经过 20 多年的研究，科研人员相继报道了大量结构新颖、功能独特的 MOFs 材料，广泛地应用于信息、环境、医药等领域，其功能包括吸附与分离、气体存储、药物输送、多相催化和荧光传感等[5-9]。截至 2019 年年底，全世界在此研究方向的期刊文献已超过 7 万篇，已知的配位聚合物的种类总数超过 2 万种。

多孔材料一般分为无机材料和碳质材料 2 种类型。以沸石分子筛为代表的无机材料在全球工业生产中产生重大的影响，而活性炭是在 1900 年之后才被发现，因其优良的吸附性能而得到广泛应用。20 世纪 90 年代中期，由于孔径和稳定性的限制，这些材料不能满足人们的需求，第一代 MOFs 材料被合成出来。1995 年，亚吉（Yaghi）课题组在《自然》（Nature）杂志上发表了第一个由过渡金属 Co（Ⅱ）与刚性配体均苯三甲酸（H_3BTC）形成的具有二维结构的 MOFs 材料，成为这类化合物发展史上的一个里程碑[10]。1999 年，亚吉等人在《自然》上发表了具有永久性孔隙的三维开放骨架结构 MOF-5，它的出现为 MOFs 的发展开创了一个全新的局面[11]。2002 年，亚吉课题组利用不同长度的对苯二甲酸配体成功合成了 IRMOF 系列类分子筛材料，通过调控修饰的官能团，实现 MOFs 材料孔径跨度从 3.8 ~ 28.8 Å（注：1Å=0.1nm）的成功过渡，成为 MOFs 材料发展的第二次飞跃[12]。2004 年，亚吉课题组又以三节点有机羧酸配体 BTB 构筑了 MOF-177 材料，因其庞大的骨架结构和较大比表面积大大拓宽了在吸附方面的应用范围[13]。2005 年，法国弗雷（Férey）研究组在《科学》（Science）上发表具有超大孔特征的类分子筛型 MOFs 材料（MIL-101）[14]。2008 年，亚吉课题组合成出上百种咪唑骨架的 ZIFs 系列类分子筛材料，使其成为气体储存和分离的一类新型材料。2013 年，亚吉课题组在《科学》上以"金属—有机骨架材料的化学和应用"为题总结了 MOFs 材料在化学及应用方面的发展[15]。

　　综上所述，虽然 MOFs 材料的发展只有 20 多年的历史，但是其发展速度却很惊人。MOFs 材料的研究不仅基于数量的急剧增长，相关研究论文的发表数量也在逐年递增。与此同时，涉及 MOFs 材料的研究领域更是不断扩大。

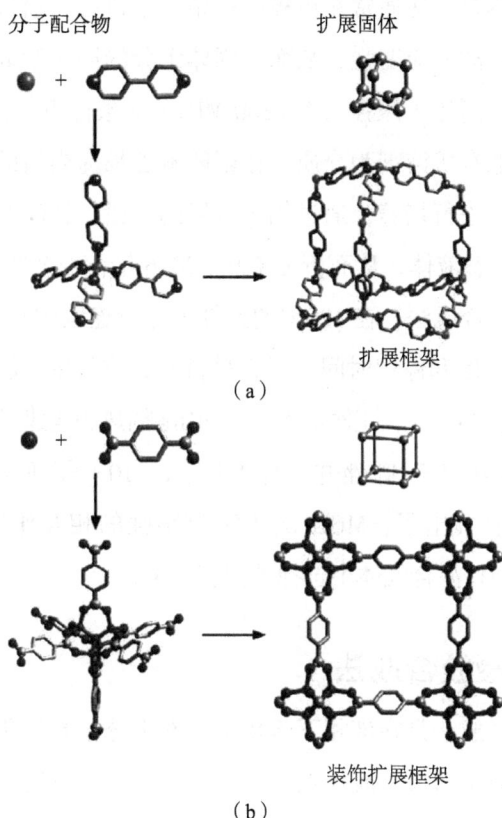

（a）

（b）

图 1.1　配合物自组装过程图

1.3 金属—有机骨架材料的合成方法

　　水（溶剂）热合成法、溶剂挥发法、微波加热合成法和扩散法都是合成 MOFs 材料的可行方法，并且这些方法设备简单、易于操作、能耗较少、受气候环境影响小和晶体生长完美等优点，成为合成 MOFs 材料的首选。除了几种常见合成方法外，还有许多方法用于合成 MOFs 材料。例如，溶胶—凝胶法、溶剂挥发法、扩散法、微波加热合成法和机械合成法等。可以根据材料的结构和性质的要求，利用各自的特点和优势，采取不同的合成方法。

1.3.1 水（溶剂）热合成法

水（溶剂）热合成法通常在更极端的条件下进行，通过降低水（溶剂）的黏度使反应物的扩散效应变强，从而使固体组分的溶剂萃取和晶体生长成为可能。通常是在高温高压（压强为 1 ~ 100 MPa）的条件下，以去离子水或 DMF、甲醇和乙醇等其他有机溶剂为介质，在聚四氟乙烯为内衬的不锈钢反应釜或带有铝盖的反应瓶内进行培养，通过加热升温的手段，让配体和金属通过自组装反应达到超临界状态液体，从而析出单晶。2016 年，麦金斯（McKinstry）等[16]利用水（溶剂）热合成法，在 120℃的条件下进行连续的水热反应得到 MOF-5。通过改变溶液的浓度和停留时间，提高材料的合成效率，测得的最大产率高达 1000 kg/（m³·d）。2018 年，王军等人[17]采用溶剂热法构建了 1 个一维 MOF，[Cd（IP）Cl]$_n$（1）（HIP=1H– 咪唑并［4，5-f］［1，10］邻菲啰啉），由于配体具有极性氮原子和富 π 电子，MOF1 与 CO_2 有很强的相互作用，可以从 CO_2/N_2、CO_2/CH_4 和 CO_2/C_2H_4 混合气体中选择性捕获 CO_2。

1.3.2 溶胶—凝胶合成法

溶胶—凝胶合成法是在液相下将化学活性组分很高的化合物前驱体进行水解、缩合，在溶液中形成溶胶体系，溶胶经陈化形成凝胶。凝胶经过干燥、烧结固化等工艺制备出氧化物乃至纳米结构的材料。2018 年，费伦—希门尼斯等人[18]利用溶胶—凝胶技术将 H_3BTC 与 Cu（Ⅱ）离子混合搅拌得到 HKUST-1 前驱体，然后将上述溶液离心和洗涤，最后经过热处理得到 HKUST-1 致密固体。在整个合成过程中不需要高温、高压以及黏合剂的参与，条件较为温和。

1.3.3 溶剂挥发法

从溶液中结晶化合物是用于生长晶体的最传统和最常用的方法。它是通过挥发溶剂或降低温度，在饱和溶液中缓慢蒸发，逐渐析出晶体的一种方法。在这一过程中，减缓降温或挥发速率有利于培养出高质量的晶体。该过程相对简单且易于控制。这一合成方法虽然比较传统，但应用也比较广泛。2013 年，吴靖云等人[19]使用溶剂挥发的合成方法，将金属盐与有机配体混合在甲醇溶剂中，室温下溶液放置大约一周，成功合成了 6 种新型 Ag-MOFs，对于这些 MOFs，其结构的多样性和复杂性可能归因于不同的配位性质、氢键作用以及对阴离子和溶剂分子的模板效应。

1.3.4 微波加热合成法

微波加热合成法因其具有快速、均质等特点，从而被广泛地应用于各种材料的合成。微波加热合成法是用于加快化学反应速率的有效方法，微波加热合成法快速形成聚合物的机理，主要是加快 MOFs 的形成速率，而不是加快聚合物的生长速率。对于特别快的反应也可通过微波加热合成法来促进聚合物的形成，而且它以辐射形式传递能量，不需要依赖其他容器。此方法同上述几种合成方法相比展现出了明显的优势。2018 年，希尔曼（Hillman）等[20]通过微波加热合成法在相当短的时间内（90 s），由金属 Zn^{2+} 离子、2- 甲基咪唑盐和苯并咪唑盐桥连合成了 ZIF-7-8 膜，创造了目前合成 MOFs 膜的最新纪录。2016 年，巴布（Babu）等人[21]利用微波加热合成法合成一个具有双孔三维超分子结构的 MOF-205，具有高达 4200 m^2/g 的比表面积，并且在无溶剂的条件下，可进行 CO_2 的偶联反应。

1.3.5 扩散法

扩散法是将含有 2 种流体的反应物在界面或者某种介质中，通过扩散相互接触而发生反应，形成最终产物的过程。扩散法有多种不同的操作形式，最简单的是溶液界面扩散法。扩散法还可以采用凝胶作为反应物接触的介质，称为凝胶扩散法，可以获得较大尺寸的 MOFs 材料。此外，还有气相扩散法，这种方法中金属离子和有机配体前体已经预先混合在溶液中，由于 pH 值低等因素，不能立即生成 MOFs 而析出。这时一种能改变反应平衡的反应物通过气相扩散进入反应液，从而调节反应平衡，控制目标 MOFs 的生长。分层扩散法就是将几种反应物分别溶于几种互不相溶的溶液中，在溶液界面通过扩散作用，缓慢地产生 MOFs。2017 年，查德·A·米尔金等人[22]运用扩散法合成出晶态粒子，并发现可以通过溶剂选择性将非晶球形粒子驱动成棒状的晶体结构，这一新的转变使我们能够利用 X 射线单晶衍射仪分析非晶粒子前驱体的连接性和结构。

1.4 金属—有机骨架材料的分类

20 世纪末，罗伯森（Robson）教授和弗罗姆（Fromm）教授等人根据配合物所具备的框架结构特征，将配合物进行归类，具体类型已被广泛熟知。其中，研究最早同时研究也比较深入的是过渡金属配合物，而最近几年 3d-4f 异核金属和稀土配合物也开始引起人们的注意力[23, 24]。若根据功能特性划分又可以将配合物划分为具有吸附性能、磁性、发光性能等材料。尽管这 3 种分类方法将配合物的结构显得更加明晰，但是其中的有机配体对配合物结构和性能的影响才是最显著的，对合成新型配合物起着不可小觑的作用，并且直接影响其空间结构、功能特性等[25, 26]。

目前，配位聚合物最常用的分类方式是根据 MOFs 结构中的配体进行分类，通常可将其分为 3 类：首先是以含羧酸官能团为主要配体而形成的配位聚合物，一般包括 IRMOF、HKUST、MIL、UiO；其次是以含氮的杂环为主要配体而形成的配位聚合物，如 ZIF；最后一类是以绿色生物分子为配体而形成的配位聚合物，如 MBioF、CD-MOF。

1.4.1 IRMOF 类材料

网状金属—有机骨架（Isoreticular Metal-Organic Framework，IRMOF）是亚吉课题组首先发表的一类 MOFs 材料，由于结构具有较强的趣味性，而被科研人员进行广泛的研究。目前 IRMOF 已经形成体系，成为一种具有代表性 MOFs 材料[27, 28]。这种类型的材料是通过二级结构单元和有机配体自组装而形成微孔晶体，呈现出立方网状结构。其中 IRMOF-1 结构比较简单，同时也是最为基础的，其他的 MOFs 构型也都是在 IRMOF-1 的基础上进行发展扩充。如图 1.2 所示为金属簇 $[Zn_4O]^{6+}$ 与芳香羧酸配体形成稳定的 IRMOF-1 结构，也被称为 MOF-5，这类结构的配合物由于具有较大的比表面积和较多的孔隙，常常被研究在气体储存与分离、催化降解、污染物吸附、药物的负载与释放等领域[29-31]。通过一系列的性能测试表明，MOF-5 材料在气体储存与分离领域具有优异的性能，有望成为未来发展的绿色储能与环保型材料[32]。目前，科研人员对此类材料已经展开新领域的探索，在不断提升此类材料的性能。

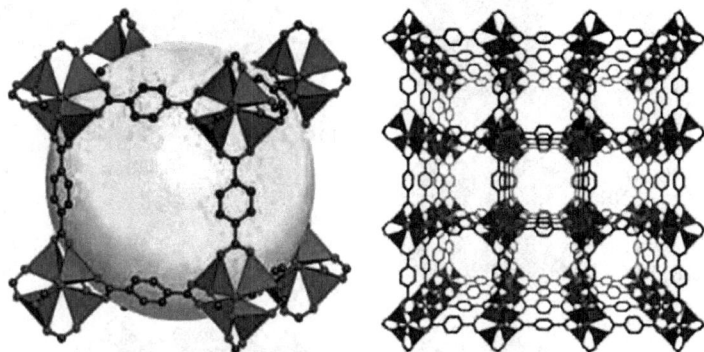

图 1.2　IRMOF-1 的结构示意图

IRMOF 类材料的结构较为固定，它是以八面体 $[Zn_4O(CO_2)_6]$ 无机簇为基本组成单元，并通过有机配体进行连接，通过对配体 R（R=-Br，-NH$_4$，-C$_2$H$_4$，-OC$_3$H$_7$ 等）类别的替换，形成具有不同孔径尺寸且结构相似的配合物，满足不同条件下对气体吸附与储存的可行性设计。如图 1.3 所示为不同孔径的 IRMOF 系列材料，随着辅助多酸配体的增长，IRMOF 系列材料的孔径也不断增加，为此大大提升了材料的吸附存储性能，同时也为其他类 MOFs 材料的性能与设计提供了新的方向。

1.4.2 ZIF 类材料

沸石咪唑酯骨架（Zeolitic Imidazolate Framework，ZIF）材料最早是亚吉课题组发表的[33, 34]，结构与 IRMOF 类似，配合物通常是由金属离子 Zn^{2+} 或 Co^{2+} 与有机配体（通常选取咪唑）而形成的具有多孔的、沸石咪唑骨架结构的配位聚合物。这种 MOFs 的结构模型可简单认为是用咪唑配体来置换沸石结构中的氧原子，同时沸石结构中的金属离子（Al^{3+} 和 Si^{2+}）需要用过渡金属阳离子（Zn^{2+}

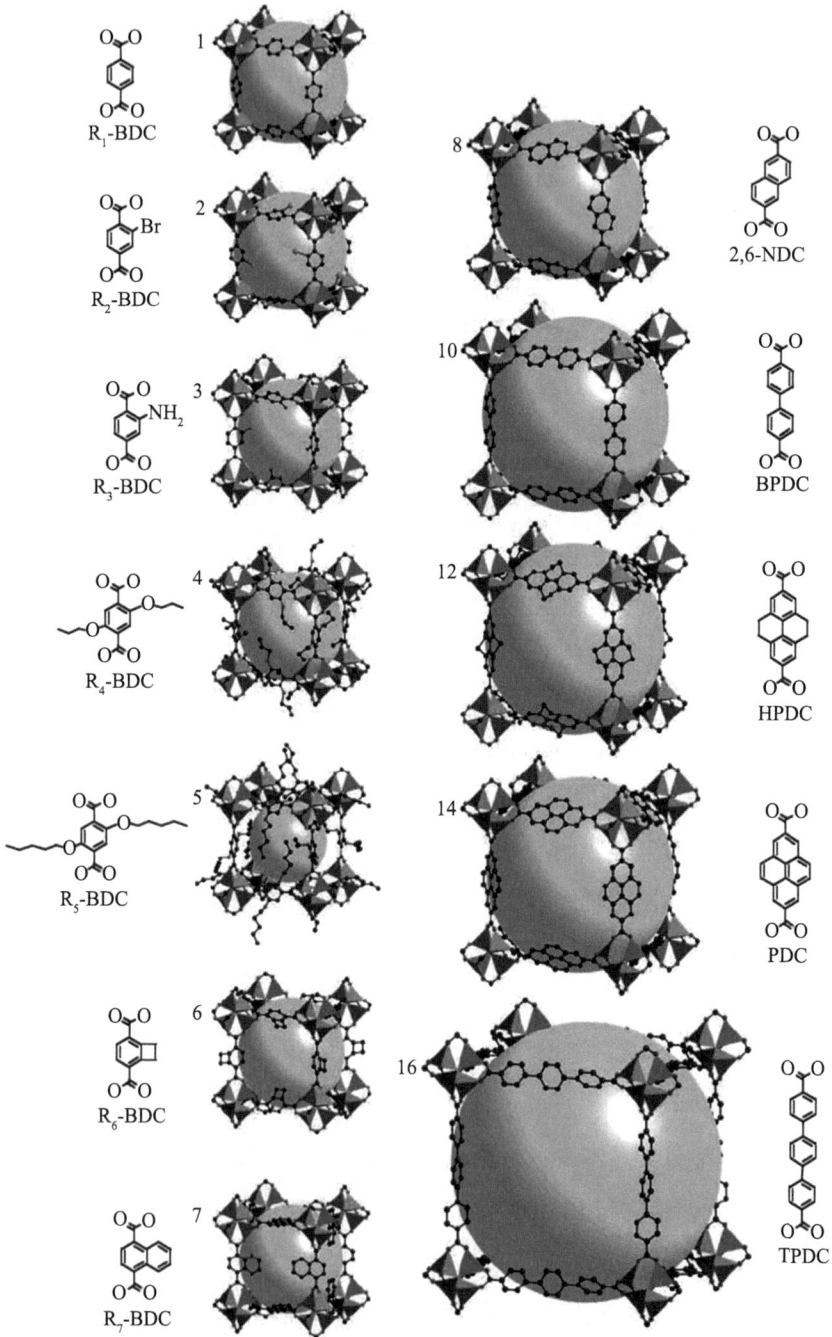

图 1.3　IRMOF-*n*（*n* =1~7、8、10、12、14 和 16）系列配合物的单晶结构示意图

或 Co²⁺）等代替。如图 1.4 所示为 ZIF 系列材料的结构示意图[35-39]。ZIF 系列
材料不同的空间构型与拓扑结构取决于使用不同的有机配体（图 1.5）与金属离
子，并且已知的 ZIF 配位聚合物都具有良好的稳定性，无论是在高温环境、恶
劣水环境，还是化学条件下，ZIF 类聚合物都表现出较好的稳定性能，这主要
归因于金属离子与酯类咪唑配体之间形成稳定的框架结构，通过交联衔接而形
成四面体、八面体等有序空间结构，这样的合成方式与立方结构得到的 ZIF 材
料不仅稳定，而且具有较大应用空间和发展潜质[40-42]。近些年，科研人员对这
类材料的研究不断深入，使 ZIF 材料的种类和合成方法不断发展和提升，丰富
了 ZIF 聚合物晶体的数据库，同时也为科研工作者更好地探索 ZIF 类材料指明
了道路与方向。

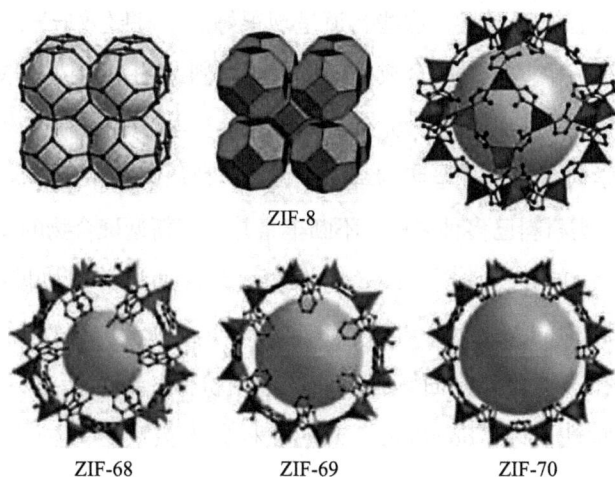

图 1.4　ZIF 系列材料的结构示意图

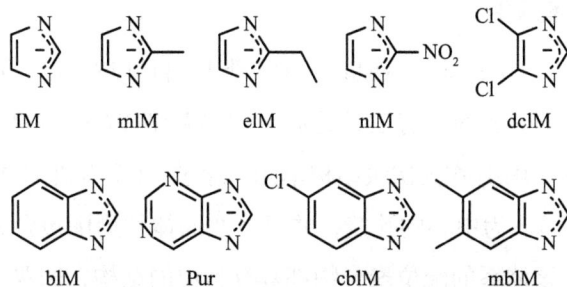

图 1.5　ZIF 系列材料中常用的配体结构示意图

1.4.3 MIL 类材料

拉瓦锡研究所材料（Materials of Institute Lavoisier，MIL）是弗雷（Férey）课题组最先设计并发表的，是除了 IRMOF 材料与 ZIF 材料外另一种独特的配位聚合物。这种配位聚合物的配体一般选取对苯二甲酸或者均苯三甲酸，金属离子选取过渡金属离子（如 Cr^{3+}、Fe^{3+}、Al^{3+}）或者选取镧系金属离子[43, 44]，配体与金属离子通过桥连而形成网络结构，由于所选取的金属种类与配体间组合的多样性，使其得到的聚合物也富有多种迷人的空间构型。在 MIL 类材料中，最经典的且最有意义的是 MIL-53（Cr）材料[45]，它是以金属团簇 $CrO_4(OH)_2$ 和对苯二甲酸配体在水热条件下制备的产物，它通过桥连方式交叉形成具有菱形孔道结构的一系列动态框架材料，这些孔道呈现很好的"呼吸效应"，并且稳定性较好，这是当时第一个基于 Cr^{3+} 合成的纳米大孔材料（图 1.6）。在 MIL 聚合物中，MIL-68[46] 的合成是首次采用三价金属离子作为金属节点，具有较强的特殊性，也为后期的科学研究打下了坚实的基础。目前，科研人员采用不同类别的无机金属盐合成的 MIL 类材料已多种多样，不断丰富并扩充新型聚合物的发展。

2004 年和 2005 年，弗雷（Férey）课题组首次通过计算机模拟技术设计合成了大型笼状结构的 MIL-100[47] 和 MIL-101[48]，由于具有较大的孔容积和比表面积，使其在气体存储方面具有潜在的应用价值。综上所述，MIL 类材料具有这种有趣的特性，即"breathing"效应使科研人员广泛关注，让 MIL 类材料充满了魅力。

1.4.4 UiO 类材料

奥斯陆大学（University of Oslo，UiO）类材料是以对苯二甲酸为有机配体，连接金属 Zr^{4+} 离子形成的具有三维孔洞结构的新型 MOFs 材料。UiO 聚合物的空间结构以 $Zr_6O_4(OH)_4$ 作为次级结构单元，通过 12 个有机配体进行连接配位，形成一个具有八面体为中心的孔笼，并且在八面体的周围包含 8 个四面体笼的结构（图 1.7）。该体系的配位聚合物都具有类似的结构，选取不同长度的二羧酸有机配体，如 UiO-66、UiO-67 或 UiO-68[49]，它们的空间及拓扑结构都是一样的，这种灵活的结构为引入具有功能性官能团和定向设计提出了思路，因此这种新型 MOFs 材料在气体分离、定向吸附、功能催化等应用领域具有较大的潜力。UiO 材料均具有较好的稳定性，无论是在高温环境（>500℃），还是在可溶性溶剂中，其结构都不能被破坏，如 UiO-66-Zr 材料，在甲醇、DMF、丙酮和苯等溶剂中均能够稳定存在，并且在强酸条件下也不失其活性，此外定性改良使其具有特定功能的材料也较为方便，在催化降解、气体吸附与分离、荧光传感等领域具有较好的发展前景。

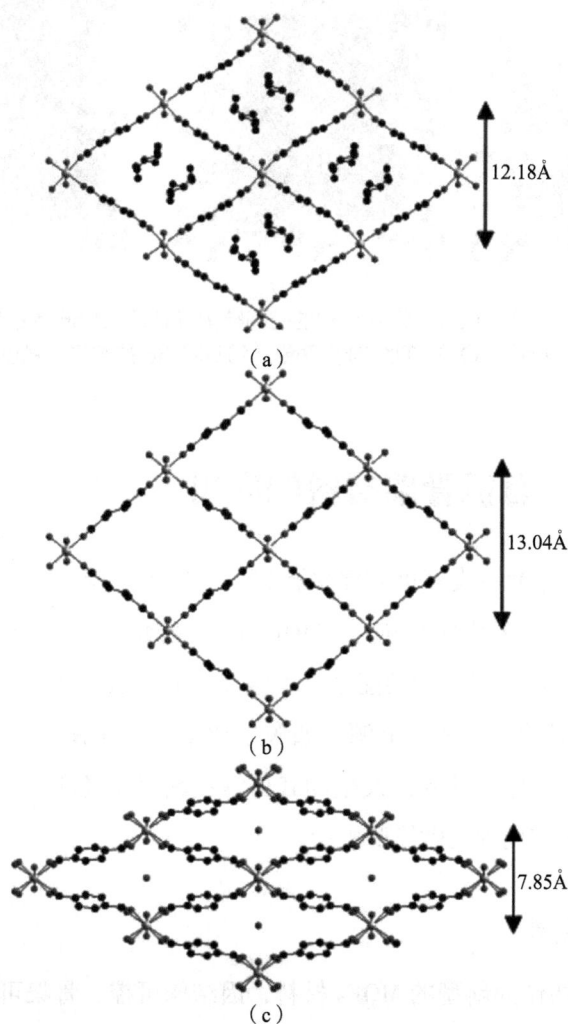

图 1.6　MIL-53（Cr）的菱形孔道结构：（a）MIL-53as；（b）MIL-53ht；（c）MIL-53lt

（a）　　　　　　　　　　（b）　　　　　　　　　　（c）

（d）　　　　　　　　　　（e）　　　　　　　　　　（f）

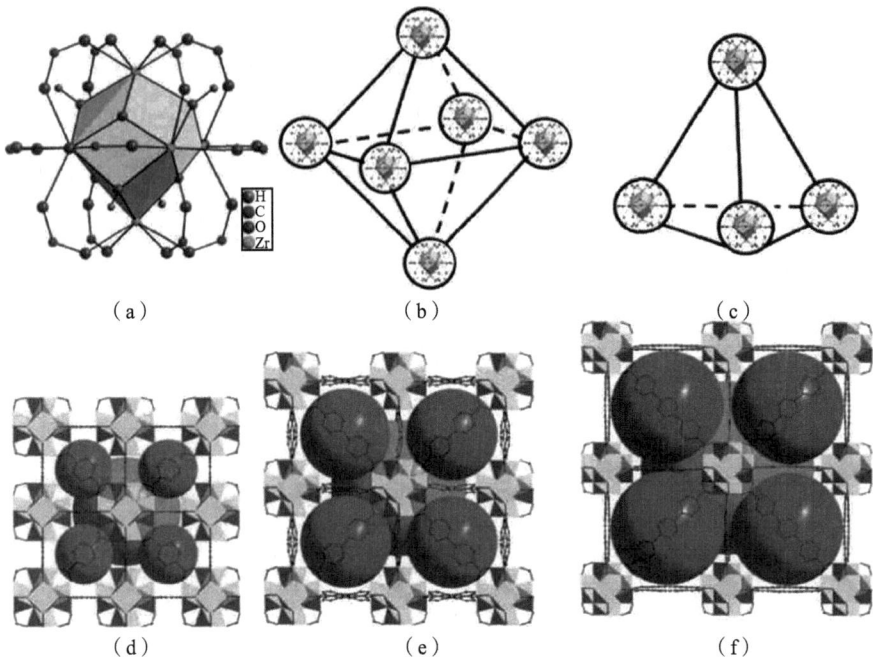

图 1.7　（a）~（c）UiO 聚合物的空间结构；（d）UiO-66 的结构示意图；
（e）UiO-67 的结构示意图；（f）UiO-68 的结构示意图

1.5　金属—有机骨架材料的应用

MOFs 材料作为一类高度有序多孔材料的新生力量，在拥有与传统多孔材料共同的特征——多孔性的同时，MOFs 材料也具有自身特点，如孔道可裁剪可修饰性、金属中心赋予的功能性、不饱和金属位点以及动态框架结构等，使其在催化、荧光传感、清洁能源（如 N_2、CO_2、H_2、CH_4 等气体的存储、吸附与分离）、液相吸附、薄膜以及生物载药等领域存在极高的应用潜力。下面我们将对 MOFs 的应用现况做简要概括。

1.5.1　催化材料

金属配合物作为新型的 MOFs 材料，因结构可控、骨架可修饰使其在催化方面有着广阔的潜在应用价值[50, 51]。近年来，研究者越来越关注 MOFs 在光催化方面的用途。2006 年，纳塔拉詹（Natarajan）等[52]研究发现金属离子 Co（Ⅱ）、Ni（Ⅱ）和 Zn（Ⅱ）的 MOFs 在降解亚甲基蓝（MB）、罗丹明 B（Rh B）、孔雀蓝、甲基橙（MO）等方面有着很好的光催化活性。2011 年，袁宇鹏等人[53]研究了 MIL-53（M）（M=Fe^{3+}、Cr^{3+}、Al^{3+}）对 MB 的光催化降解，研究表明加入电子吸收剂 [H_2O_2、$(NH_4)_2S_2O_8$ 和 $KBrO_3$] 能够充分发挥 MIL-53（Fe）对 MB 的光催化活性。2013 年，沈丽娟等人[54]向 UiO-66 引入氨基实现了其光催化的可见光反应。2015 年，袁兴忠等人[55]利用水热法向 MIL-125（Ti）中引入功能化氨基基团合成出 NH_2-MIL-125（Ti），使 Cr（Ⅲ）离子能够在可见光条件下被光催化还原。同样地，2014 年蒋静等人[56]以及 2012 年萨法·埃尔丁·H·埃泰维（Etaiw）[57]课题组分别研究了 MIL-53（Fe）和（Me_3Sn）$_4$Fe（CN）$_6$ 2 种 MOFs 材料，通过调节溶液的 pH 值和催化剂等影响因素，考察了光催化剂的活性，为 MOFs 的应用提供了理论依据及设计参照。

2015 年，王雷等人[58]通过使用硫代二乙酸盐、邻菲啰啉衍生物和调节反应体系中的金属盐合成了 3 种金属配合物，并研究了配合物对于甲基橙的催化性质，这种光催化降解反应均遵循伪一级动力学模型，实验表明配合物对于甲基橙的降解率达到了 95%。2017 年，乔宇等人[59]采用水热合成法合成了 2 种配合物 [M（2-NCP）（3-pyc）]$_n$，研究了配合物作为非均相光催化剂在可见光照射下有机染料的降解，以 MB 的光降解为例，配合物 1 和配合物 2 在可见光下没有添加清除剂，对 MB 的降解率可以达到 68.21% 和 84.35%。2018 年，阿里·雷扎·马吉布等[60]合成了新型多金属氧酸盐基离子晶体 [Fe（phen）$_3$]$_2$ [$SiW_{12}O_{40}$]·3DMF（IC-Fe），并通过 FE-SEM、TEM、TG、PXRD 等表征手段进行表征。结果显示 IC-Fe 不仅对 2，4- 二氯苯酚的光催化降解具有活性，而且在各种溶剂中也很稳定，易于分离和重复使用（图 1.8）。

1.5.2　荧光检测与传感材料

荧光材料是指 MOFs 材料在吸收特定的激发光束后，由于材料内部电子吸收能量而发生电子跃迁，材料便开始反向辐射出特定波长的激发光束[61, 62]，这归因于金属组分，包括镧系金属及各种各样的无机金属簇在一定条件下能够导致荧光效应；具有芳香性或共轭 π 电子的有机配体受到激发时，也会导致光致发光，正是由于材料自身的荧光特性，我们可以利用 MOFs 材料与金属离子、小分子有机溶剂、硝基化合物等之间产生的荧光效应，来检测并判断环境中的污染物成分，以此制定相关的处理方法。综上所述，MOFs 材料的发光可以由 4 种原因产生[63]（图 1.9）：①高共轭的配体致发光；②以 Ln-MOFs 为主的金属中心致发光；③电子跃迁；④发光性官能团的引入导致的发光。例如，稀土离子或者发光染料。这种光致发光的 MOFs 材料不需要制作薄膜就可以使用，只需要将待检测的物质按一定的比例与其混合，在特定激发波长条件下便可完成检测，使用起来非常方便，并且在一些荧光检测与传感类的文献中（如检测重金属离子、小分子溶剂，硝基化合物等）已经有过相关的可行性报道。

2014 年，施伟课题组[64]发表了 2 种三维镧系 MOFs 材料，即 $\{[Ln_4(\mu_3\text{-}OH)_4(BPDC)_3(BPDCA)_{0.5}(H_2O)_6]ClO_4 \cdot 5H_2O\}_n$ 和 [Ln=Tb（1）和 Gd（2）]。发光实验研究表明，Ln-MOF-1 可以成为高效的多功能发光材料，用于溶剂小分子、金属阳离子和阴离子的高灵敏度检测，尤其是苯和丙酮存在的情况下，能够明显地表现出荧光增强与猝灭的现象，为此可以利用 Ln-MOF-1 优异的荧光性能来检测水体环境中是否含有上述污染物。2017 年，吕弋等人[65]构建了 1 个镉荧光金属有机骨架（Cd-MOF），对识别 Al^{3+} 和 Fe^{3+} 具有良好的灵敏度。对 Al^{3+} 的检出限可低至 $0.56\ \mu M$，明显低于世界卫生组织规定的饮用水中 Al^{3+} 的最高检出标准 $7.41\ \mu M$。对于 Fe^{3+}，检出限可低到 $0.3\ \mu M$，比大多数报道的 MOFs 低很多。另外，Al^{3+} 和 Fe^{3+} 在其他金属离子存在时的猝灭效应不受影响，也不会相互干扰（图 1.10）。结果表明 Cd-MOF 作为荧光传感器对 Al^{3+} 和 Fe^{3+} 的选择性检测具有潜在的实际应用价值。2018 年，白凤英等人[66]采用水热合成法合成了 5 种稀土吲哚羧酸配合物，并首次发表了它们的染料吸附和荧光传感性能。荧光光谱分析表明，配合物 1 对硝基芳香族化合物具有较高的选择性和灵敏度，灵敏度可达到 $1.49 \times 10^7\ M^{-1}$，检出限为 $11.40\ \mu M$。同时，这些配合物对水溶液中的染料分子（MB 和 MG）也表现出较强的选择性吸附。

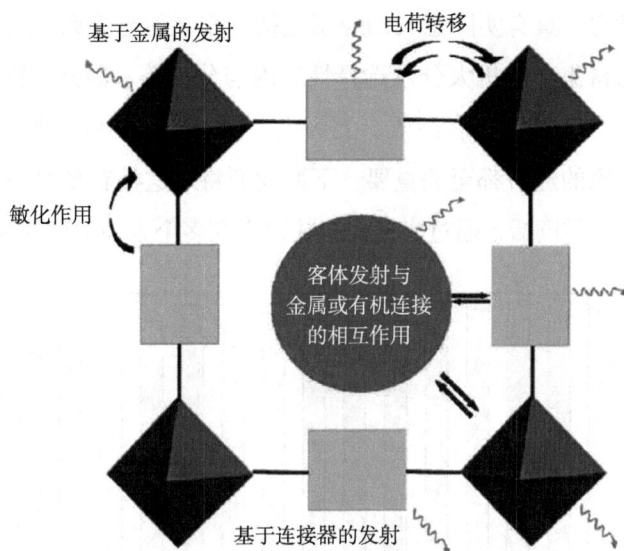

图 1.8　IC-Fe 的光降解机理图

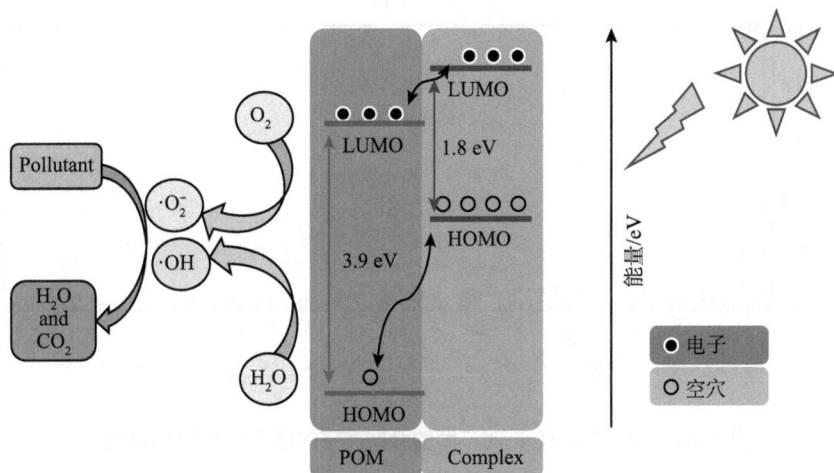

图 1.9　金属配位聚合物的发光机理

1.5.3　吸附与分离材料

　　MOFs 材料是一类新型的无机—有机杂化多孔材料，是良好的新型吸附剂。因这类多孔材料合成容易、结构多样、数量庞大、比表面积高且孔容大、孔表面容易功能化改性，特别是结构与孔性质容易进行目标调控，在吸附方面具有极大的应用潜力。具有实际意义的应用包括气相吸附与分离、水中有毒有害污染物的吸附与富集、有机大分子选择性吸附与分离等。因此，随着 MOFs 材料的不断发展，合成新型具有高效、无污染、特定功能的配位材料对人类健康、生态发展及国家的经济都至关重要。下面我们将对这类新型材料在吸附与分离方面的应用作简要概括，通过实例的形式列举在多个方面的研究成果。

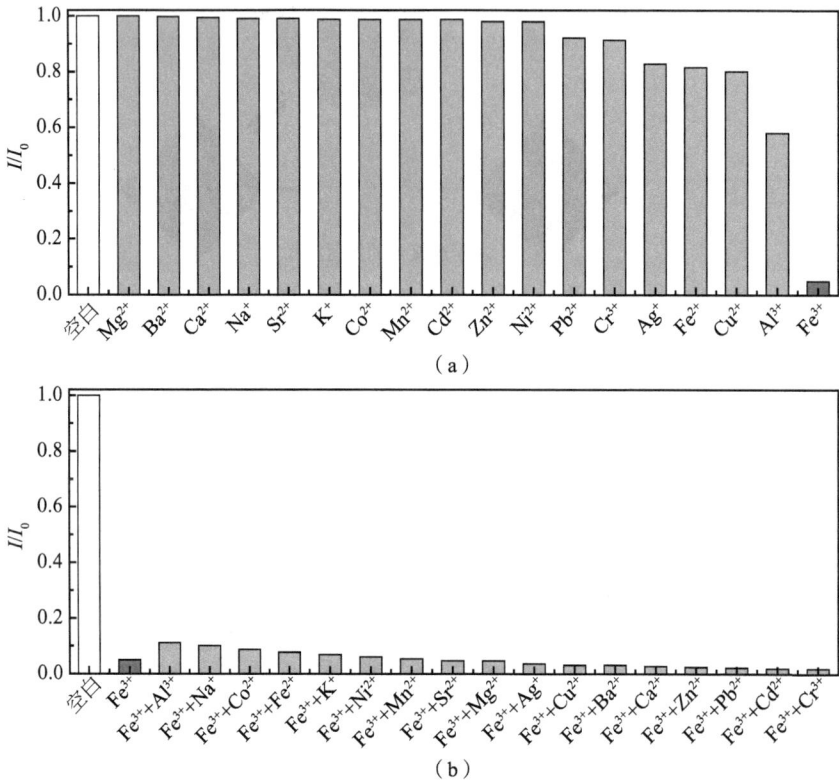

图 1.10 （a）Cd-MOF 对不同的金属离子的检测；（b）竞争实验

2017 年，弗莱格（Flaig）等人[67]使用 2 种带有烷基胺官能团的配体合成 IRMOF-74-Ⅲ，与其他吸收 CO_2 的固体吸附剂相比，IRMOF-74-Ⅲ 可以通过化学吸附在低压下吸收 CO_2，与 CO_2 气体发生化学反应，并利用固体核磁共振技术证明该材料的主要化学吸附产物是氨基甲酸（图 1.11）。

2015 年，魏凤玉等人[68]利用溶剂热法成功制备了 2 个锆基 MOFs（UiO-66 和 UiO-66-NH$_2$），通过对 MB 和 MO 的吸附实验结果表明，相较于阴离子染料，它们能更有效地去除溶液中的阳离子染料。选择性吸附阳离子染料的原因可能是吸附剂与阳离子染料之间存在静电引力（图 1.12）。此外，UiO-66-NH$_2$ 和 UiO-66 相比，UiO-66-NH$_2$ 对阳离子染料的吸附能力更强。2017 年，罗旭彪等人[69] 将 MOFs 材料 UiO-66 进行氨基功能化修饰得到 UiO-66（NH$_2$），采用间接法研究了在不同的平衡浓度、溶液 pH 值、温度和接触时间时 UiO-66（NH$_2$）对 Sb（Ⅲ、Ⅴ）离子吸附能力的影响。相对于 UiO-66 来说，UiO-66（NH$_2$）在废水中对 Sb（Ⅲ、Ⅴ）离子的吸附能力提高了 61.8 mg/g 和 105.4 mg/g。上述研究结果表明，MOFs 材料在吸附方面具有潜在应用价值。此外，德克·德沃斯（De Vos）课题组发表了具有柔性的 MIL-53（Cr）对水中酚类污染物吸附研究[70]。单组分吸附等温线表明 MIL-53（Cr）在水中对苯酚的饱和吸附量为 14%（体积分数），即使在 0.01 mol/L 的低浓度下，吸附量仍为 3%。通过穿透实验表明，MIL-53（Cr）对这 2 种酚类具有良好的吸附与富集能力。

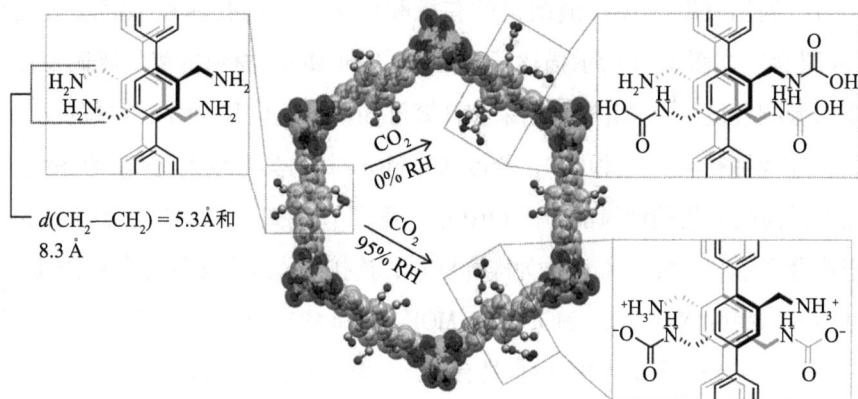

图 1.11　IRMOF-74-Ⅲ 对 CO$_2$ 的吸附模式

1.5.4　储氢材料

氢以其能量密度高、无污染等优点，一直被认为是能量储存和运输的理想载体。氢能源的存储对世界各国高新技术产业的发展至关重要，但是目前对储氢材料的研究还存在不足。迄今为止，提高清洁能源的利用率，降低温室效应等一系列环境问题是人类一直在攻克的难题。在我国的能源类型中，氢能源被公认为是一种不可或缺的高效清洁能源。目前，很多课题组都在研究如何攻克提高氢气的存储量这一难题，主要方法如下。

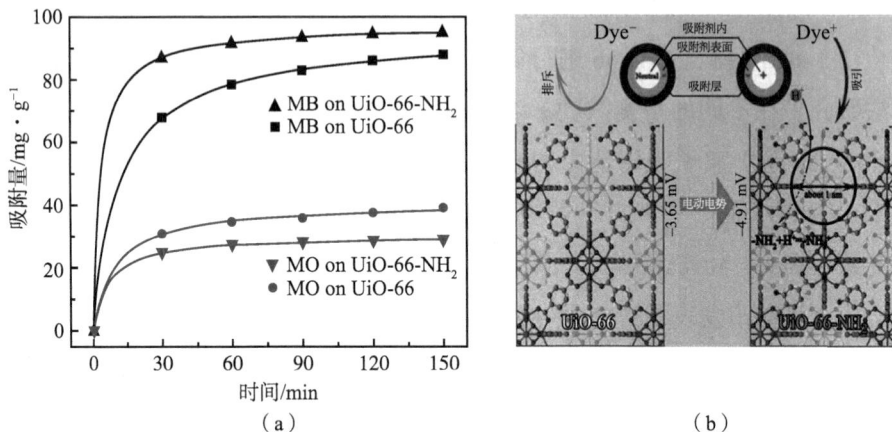

图 1.12　（a）不同时间 UiO-66-NH$_2$ 和 UiO-66 对 MO 和 MB 的吸附量；（b）吸附机理图

（1）利用具有刚性长链结构的有机配体构建大的孔体积和高比表面积的 MOFs 材料。如图 1.13 所示描述了 77 K 时不同 MOFs 材料的氢气吸附量受比表面积的影响程度[71]，由实验结果和计算可知，吸氢量和 MOFs 材料的比表面积之间存在线性相关。由此可知，若得到的 MOFs 材料具有较大比表面积和孔体积，便能够提高配合物的储氢能力。2010 年，亚吉（Yaghi）课题组与金姆（Kim）课题组联合研究，以 Zn$_4$O（CO$_2$）$_6$ 为构筑 SBUs，连接 1 种或者 2 种混合酸合成了 4 种新型 MOFs 材料：MOF-180、MOF-200、MOF-205 和 MOF-210[72]。通过气体吸附实验结果表明，这 4 种新型 MOFs 材料具有超乎寻常的孔隙度和强大的气体吸附能力。

（2）可设计获得具有穿插或连锁型的配合物，从而得到大小合适的孔道。周宏才小组分别发表了 PCN-6 和 PCN-6'[73]，它们是分别具有连锁结构和非连锁结构的配合物，由于连锁结构形成了新的吸附位点，使比表面积有所增加。在 50 ℃ 条件下，PCN-6' 可以吸附氢气 1.35 wt.%，同等条件下，PCN-6 对氢气的吸附量为 1.75 wt.%；当温度升高到 150 ℃ 时，PCN-6 吸附氢气量达到 1.9 wt.%，PCN-6' 吸附氢气量达到 1.62 wt.%。Co（BDP）配位聚合物是一种具有较大比表面积的材料，钴金属离子与配体能够形成灵活的空间骨架结构，在 Co（BDP）脱去溶剂后，虽然它的结构变化显著，但骨架连接并未因此断开。在 77 K，

20 bar（注：1 bar=100 kPa）条件下，Co（BDP）对氢气的吸附量达到 3.1 wt.%（图 1.14），是较好的储氢材料[74]。

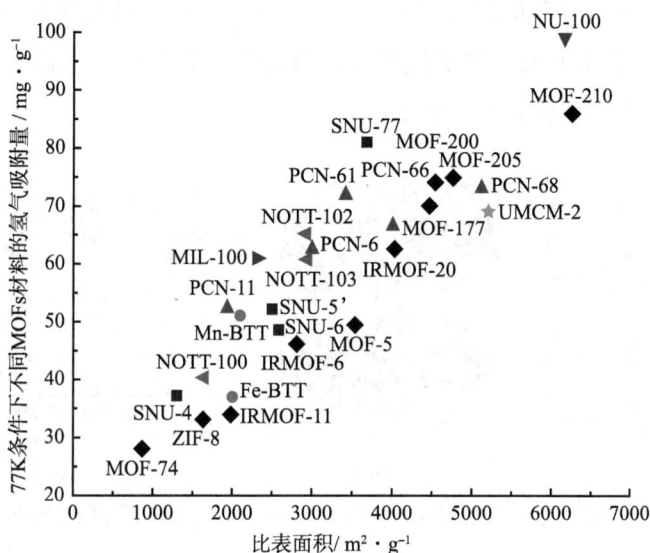

图 1.13 77 K 条件下不同 MOFs 材料的氢气吸附量和比表面积的关系

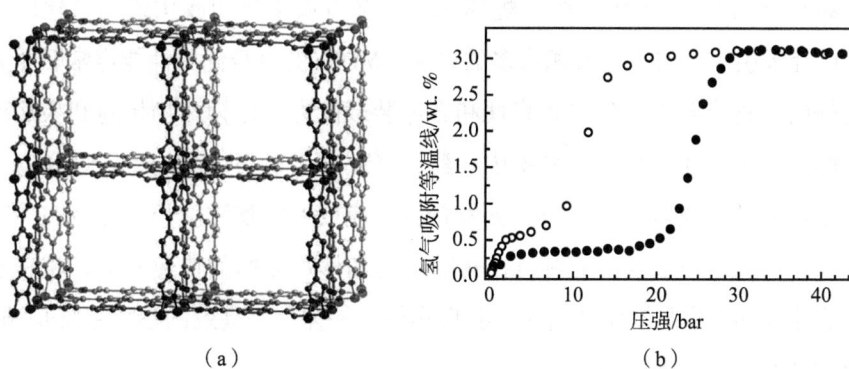

（a）　　　　　　　　　　　（b）

图 1.14 （a）金属有机骨架材料 Co（BDP）结构图；
（b）Co（BDP）在 77K 的氢气吸附等温线

1.5.5　磁性材料

材料科学日益完善，配合物磁力学的性质已经迅速转变为各个功能材料关注的焦点。通过选择具有顺磁中心的金属离子（Mn^{2+}、Fe^{3+}、Co^{2+}、Ni^{2+}、Cu^{2+}

以及部分 Ln^{3+} ）与三原子桥连配体相互作用，可以构建出多功能磁性 MOFs 材料。2008 年，高松等人[75]以金属离子 Co（Ⅱ）为中心展示了一个具备叠氮酸桥连的（4，4）格子状的配合物 Co（N_3）$_2$（4acpy）$_2$，经过研究表明该配合物存在较大倾斜角等于 15° 的弱铁磁体，当在临界温度值低于 11 K 时的环境下则可以显示出较弱的铁磁态（图 1.15）。

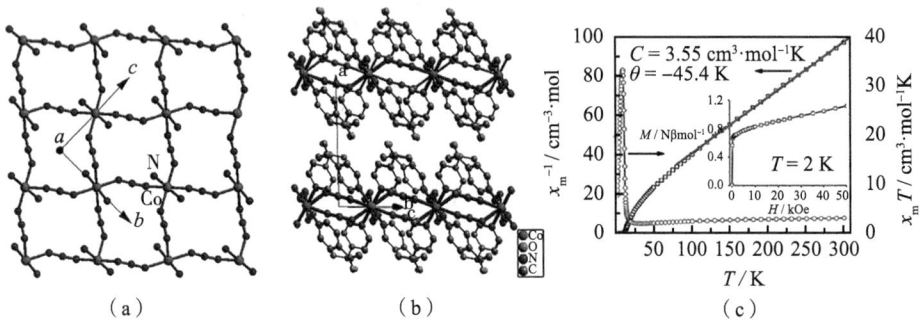

图 1.15 （a）~（b）配合物 Co（N_3）$_2$（4acpy）$_2$结构图；（c）磁性分析图

1.5.6 药物缓释

MOFs 作为一类由多齿桥连配体和金属节点或金属团簇构筑的杂化网络材料，已经吸引了科研工作者相当多的兴趣。MOFs 的自身优异性能通常赋予其具有良好的生物降解性、生物相容性和客体装载能力，作为药物传递和疾病诊疗方面的候选人。在药物传递系统中，药物释放对于提高产品的有效性和安全性是非常重要的，通常是为了防止突发释放效应或使药物浓度长期保持在一定的要求水平。目前基于 MOFs 材料在药物运输和诊疗方面的快速发展，越来越多的功能化 MOFs 体系被设计出来。实现多模式一体化、高效的诊疗系统是 MOFs 材料发展的重要前景之一。

2018 年，史浩等人[76]发表了一种新的 Gd（Ⅲ）-MOFs，其化学式为［Gd（BCB）（DMF）］（H_2O）$_2$（Ⅰ）。配合物 Ⅰ 沿 C 轴显示 1D 通道 13.7×6.4 Å^2，足以容纳抗癌药物 5-Fu（5- 氟尿嘧啶）分子。对脱溶剂的 MOFs 进行了载药和释药实验，结果表明 Ⅰ 能吸收 36.4% 的 5-Fu，并以 pH 值依赖的方式释放 5-Fu。此外，经 MTT 法检测，制备的载体与 HCC 细胞（肝癌细胞）和口腔表皮细胞

（正常细胞）具有生物相容性（图 1.16），并且 5-Fu 载体对人肝癌细胞具有良好的抗癌活性。因此，配位聚合物在药物分子的负载与释放具有很好的应用前景。

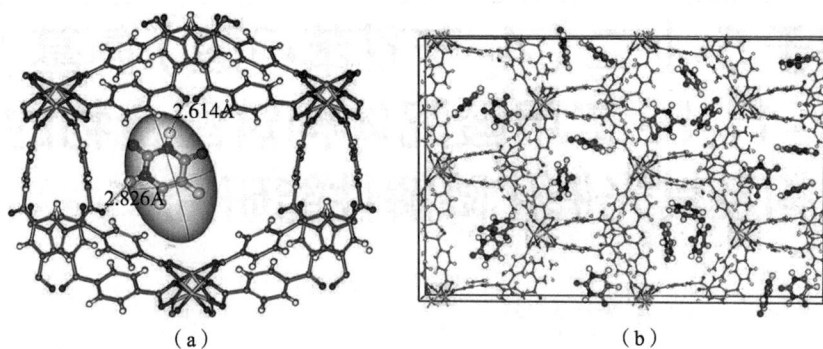

（a）　　　　　　　　　　　　　　　（b）

图 1.16 （a）零负荷时 5-Fu 在 1 骨架中的模拟结合位点；
（b）在 37 ℃和 100 kPa 时 5-Fu 分子在 1 骨架中的位置

基于 5-［二（4- 苄基苯甲酸）氨基］苯 -1，3- 二甲酸配体构筑配合物的结构及其光催化降解性能研究

2.1 引言

在有机污染物中，染料是毒性强且种类繁多的一类，也是废水中被较早确认的污染物之一，其排放量巨大。据调查，我国每年约排放数亿吨染料工业生产废水以及印染工业废水，为此，染料污染成为一个值得关注的环境问题。染料污染物危害之大是因为其具备成分复杂、色度高、毒性大且具有一定致癌性、水质变化大、处理难度大等特点。虽然它们在水中浓度不高，但是易溶于生物有机相，可以富集在生物体内，危及人类健康。因此，为了保护环境及维护人类健康，去除水中染料污染物具有十分重要的意义。而传统的物理学方法以及化学方法并不能很好地对这种水中低浓度高毒类污染物进行高效率去除。作为目前备受关注的一项高级氧化技术，光催化氧化技术是一种高效、经济、简便的环境污染物处理方法，被认为是解决环境污染非常具有应用潜力的技术方案之一[77, 78]。

目前，基于多功能桥联配体的金属—有机骨架（MOFs）不仅因结构独特而备受关注，而且在气体储存与分离、催化、发光、磁性等方面也有着广泛的应用[79-83]。近年来，基于 MOFs 的新型光催化材料的研究取得了很大进展。MOFs 已经用于催化一系列反应，包括路易斯酸 / 碱催化反应、氧化还原反

应、不对称反应和光催化反应。MOFs的分子性质引入了前所未有的化学多样性和可调性以驱动大范围的催化反应，而且MOFs催化剂容易从反应混合物中分离以重复使用，在降解有机污染物方面具有潜在的应用前景，常用于解决环境污染问题[84-87]。一般来说，这种MOFs的迷人结构和潜在性能在很大程度上取决于具有不同配位能力的金属中心和具有可修饰骨架的有机配体的选择[88-90]。因此，设计或选择合适的有机配体是构建MOFs的关键之一。众所周知，在配位化学中，多羧酸配体拥有单齿、螯合、桥连等多种配位方式，具有很强吸引力的金属键合单元，增强了它们与金属中心的强键合能力，所以产生具有稳定结构的MOFs材料[91, 92]。目前已有许多基于刚性、柔性和刚柔结合有机配体（RFCOLs）的MOFs发表[93-95]。在过去的几年中，本实验室一直致力于1, 10-邻菲啰啉的一些羧基衍生物配体构筑的MOFs，并分析它们对有机染料的光催化降解性能[96-98]。

据调研，利用RFCOLs构建的MOFs更加方便可控。这类配体的应用已经被证明是获得MOFs特定结构和性能的一种成功途径[99, 100]。为此，选用RFCOLs-5-[二（4-苄基苯甲酸）氨基]苯-1，3-二甲酸（H_4L）配体（图2.1）与金属离子Zn（Ⅱ）、Mn（Ⅱ）、Cd（Ⅱ）和Pb（Ⅱ）结合，在溶剂热条件下合成了4个具有二维和三维骨架结构的新型配合物[Zn_2L]$_n$（1）、[Mn（H_2L）（H_2O）]$_n$（2）、[Cd（H_2L）（H_2O）$_2$]$_n$·nH$_2$O（3）和[Pb_2L（H_2O）]$_n$·3nH$_2$O·nDMF（4），再采用X射线单晶衍射仪对晶体结构进行测定，用元素分析、红外光谱、X射线粉末衍射等技术对合成的样品进行表征，并对配合物1～4的热稳定性和光催化降解染料的性能进行了研究。此外，基于活性物种捕获实验提出了可能的光催化机制。

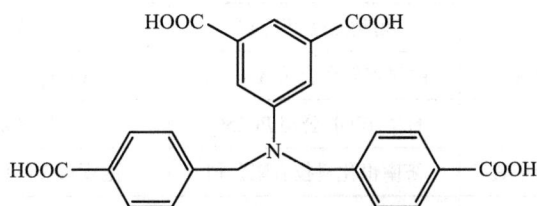

图2.1　配体 H_4L 的结构图

2.2 实验部分

2.2.1 试剂与仪器

本章实验中，原料和试剂一览表如表 2.1 所示，药品在使用前均未进一步纯化。实验过程中所使用的水均为去离子水。

表 2.1   原料和试剂一览表

试剂	分子式	级别	生产厂家
5-［二（4-苄基苯甲酸）氨基］苯-1，3-二甲酸	$C_{24}H_{19}NO_8$	分析纯	济南恒化科技有限公司
氢氧化钠	NaOH	分析纯	天津大茂化学试剂厂
硝酸锌	$Zn（NO_3）_2·6H_2O$	分析纯	天津市光复精细化工研究所
氯化锰	$MnCl_2·4H_2O$	分析纯	天津市光复精细化工研究所
硝酸铅	$Pb（NO_3）_2$	分析纯	天津市光复精细化工研究所
氯化镉	$CdCl_2·2.5H_2O$	分析纯	济南恒化科技有限公司
N，N-二甲基甲酰胺	C_3H_7NO	分析纯	上海化学试剂有限公司
亚甲基蓝	$C_{16}H_{20}ClN_3OS$	USP 级	北京百灵威科技有限公司
甲基橙	$C_{14}H_{14}N_3NaO_3S$	USP 级	北京百灵威科技有限公司
结晶紫	$C_{25}H_{30}ClN_3$	USP 级	北京百灵威科技有限公司
罗丹明 B	$C_{28}H_{31}ClN_2O_3$	USP 级	北京百灵威科技有限公司
刚果红	$C_{32}H_{22}N_6Na_2O_6S_2$	USP 级	北京百灵威科技有限公司

实验仪器一览表如表 2.2 所示。

表 2.2   实验仪器一览表

仪器名称	型号及生产厂家	测试条件
X 射线单晶衍射仪	德国布鲁克公司 Apex Ⅱ	Mo K_a（λ=0.71073 Å）
X 射线衍射仪	日本 JEOL 公司 PC2500	Cu K_a（λ=1.5418 Å）
聚四氟乙烯内衬反应釜	济南恒化科技有限公司	温度 ≤ 250℃，容量为 25 mL
数显集热式磁力搅拌器	青岛聚创环保集团有限公司 DF-101B	1L 容量，控温 ≤ 300℃，转速 0～3000 r/min

仪器名称	型号及生产厂家	测试条件
电热恒温鼓风干燥烘箱	广东海达仪器有限公司 101A-1E	温度 ≤ 200℃，温度波动为1℃
荧光光谱仪	Hitachi F-4600	液体/固体样品测试
元素分析仪	美国 Perkin-Elmer 2400	对化合物中的元素含量进行分析
紫外—近红外分光光度计	日本岛津公司 UV-3600	使用波长范围为 200～800 nm
红外光谱仪	美国 Nicolet iS50	波数范围为 4000～400 cm^{-1}
全自动气体吸附仪	美国康塔公司 Autosorb-iQ	N_2（77K）及室温 CO_2
差热—热重分析仪	德国耐驰 STA 449F3	室温为 −1500℃，升温速率为 10℃/min
光催化反应仪	扬州大学 DW-01	氙灯光源

2.2.2 配合物〔Zn$_2$L〕$_n$（1）的合成

称取 Zn（NO$_3$）$_2$·6H$_2$O（0.0296 g，0.1 mmol）和 H$_4$L（0.0250 g，0.05 mmol）放入烧杯中，向其中加入15 mL的去离子水，磁力搅拌10 min，然后滴加0.5 mol/L的 NaOH 溶液，将体系的 pH 值调到6，最后将混合液转移到25 mL 的聚四氟乙烯反应釜中，于170℃的烘箱内静置3天后取出，逐渐冷却至室温。将产物进行过滤和蒸馏水洗涤，并在室温下干燥，得到淡黄色粒状晶体（C$_{24}$H$_{15}$NO$_8$Zn$_2$）（Mr=576.11）。产率：54%（以 Zn 为基准）。元素分析值（%）：C，50.03；H，2.62；N，2.43；Zn，11.32。理论值（%）：C，50.00；H，2.67；N，2.41；Zn，11.35。IR〔KBr 压片，ν/cm^{-1}，图 2.2（a）〕：3073.66（w），1607.48（s），1536.23（s），1425.47（s），1385.97（m）1242.68（s），846.90（m），767.12（m），513.84（w），442.59（w）。

2.2.3 配合物〔Mn（H$_2$L）（H$_2$O）〕$_n$（2）的合成

称取 MnCl$_2$·4H$_2$O（0.0197 g，0.1 mmol）和 H$_4$L（0.0250 g，0.05 mmol）放入烧杯中，向其中加入15 mL的去离子水，磁力搅拌10 min，然后滴加0.5 mol/L的 NaOH 溶液，将体系的 pH 值调到6，最后将混合液转移到25 mL 的聚四氟乙

烯反应釜中，于170℃的烘箱内静置3天后取出，逐渐冷却至室温。将产物进行过滤和蒸馏水洗涤，并在室温下干燥，得到淡黄色粒状晶体（$C_{24}H_{19}NO_9Mn$）（Mr=520.34）。产率：45%（以Mn为基准）。元素分析值（%）：C，55.40；H，3.68；N，2.69；Mn，10.52。理论值（%）：C，55.35；H，3.73；N，2.72；Mn，10.55。IR［KBr压片，v/cm^{-1}，图2.2（b）］：3231（s），2501（s），1921（s），1646m），1610（m），1518（m），1453（s），1404（s），1331（s），1288（m），1153（s），1165（m），1086（m），962（s），896（s），863（s），762（m），668（m），621（s），525（m）。

2.2.4 配合物［Cd（H_2L）（H_2O）$_2$］$_n$·nH$_2$O（3）的合成

称取 $CdCl_2$·2.5H_2O（0.0228 g，0.1 mmol）和 H_4L（0.0250 g，0.05 mmol）放入烧杯中，向其中加入15 mL的去离子水，磁力搅拌10 min，然后滴加0.5 mol/L的NaOH溶液，将体系的pH值调到6，最后将混合液转移到25 mL的聚四氟乙烯反应釜中，于170℃的烘箱内静置3天后取出，逐渐冷却至室温。将产物进行过滤和蒸馏水洗涤，并在室温下干燥，得到无色片状晶体（$C_{24}H_{23}NO_{11}Cd$）（Mr=613.84）。产率：56%（以Cd为基准）。元素分析值（%）：C，46.96；H，3.78；N，2.28；Mn，18.29。理论值（%）：C，46.90；H，3.80；N，2.31；Mn，18.31。IR［KBr压片，v/cm^{-1}，图2.2（c）］：3403（s），1678（s），1555（s），1424（m），1362（m），1283（m），1177（s），1089（s），983（s），905（m），808（s），747（m），649（m），605（s），535（s）。

2.2.5 配合物［Pb$_2$L（H_2O）］$_n$·3nH$_2$O·nDMF（4）的合成

称取 Pb（NO_3）$_2$（0.0331 g，0.1 mmol）和 H_4L（0.0225 g，0.05 mmol）放入烧杯中，向其中加入6 mL DMF和6 mL去离子水，磁力搅拌10 min，将反应混合物倒入20 mL透明玻璃瓶中，于85℃的烘箱内静置3天后取出，逐渐冷却至室温。将产物进行过滤和蒸馏水洗涤，并在室温下干燥，得到黄色块状晶体（$C_{27}H_{26}N_2O_{13}Pb_2$）（Mr=1000.88）。产率：53%（以Pb为基准）。元素分析值（%）：C，32.37；H，2.60；N，2.79；Pb，41.43。理论值（%）：C，32.85；H，2.58；N，

2.86；Pb，41.40。IR［KBr 压片，ν/cm^{-1}，图 2.2（d）］：3422（s），1646（s），1585（s），1530（w），1390（m），1281（w），1232（m），1099（m），850（s），770（s），722（m），668（m），571（m）。

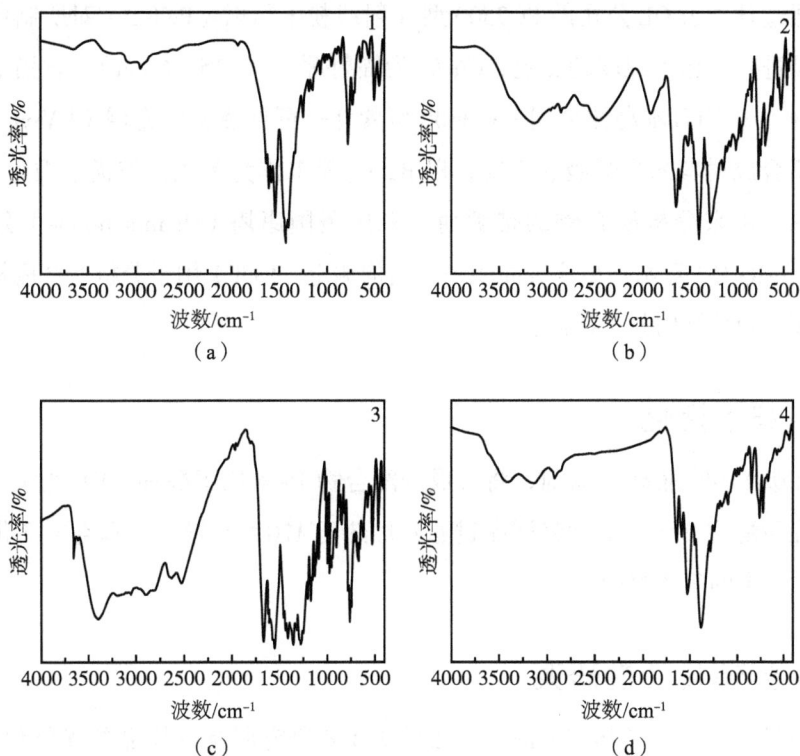

图 2.2 （a）~（d）配合物 1~4 的红外谱图

2.2.6 配合物 1~4 的表征方法

配合物 1~4 的 X 射线单晶衍射（CCD）表征在 Bruker SMART Apex Ⅱ衍射仪上进行的，数据还原和结构解析工作在 SAINT-5.0 和 SHELXTL-2014[101] 程序下分别运行，由 SADABS 程序完成吸收校正。C、H 和 N 元素分析在 Perkin-Elmer 2400 型元素分析仪上完成。通过傅里叶红外光谱（FT-IR ）Nicolet iS50 型对样品中的化学键和化学基团进行分析测定，把样品与光谱纯 KBr 混合压片，测量范围为 400 ~ 4000 cm^{-1}。采用德国耐驰（Netzsch）公司的 STA 449F3 型同步热分析仪研究分析物质的热稳定性，氮气气氛下，以 10 ℃ /min 的加热速率从室温一直升高温度至 800 ℃。通过 TGA 结果，可以判断骨架稳定性和溶剂分子等方面的信息。配合物 1~4 的荧光光谱是在日本日立（Hitachi）公司 F4600 型荧光光谱仪上完成了全部样品的测定，用以分析样品的光生电子和空穴的复合率。通过日本 JEOL 公司的 PC2500 型 X 射线粉末衍射（PXRD）对所制备的粉末样品进行晶相和纯度的测定，Cu K_α 为辐射源（λ=0.15406 nm），扫描范围为 5°~50°。采用日本岛津公司 UV-3600 型紫外—可见漫反射光谱（UV-vis DRS）表征所合成材料的光学吸收性能，以 $BaSO_4$ 粉末作为参比，扫描范围为 200~800 nm。用来分析配合物的带隙值。采用美国康塔（Quantachrome）公司的 Autosorb-IQ-C（双站）型比表面积—孔结构测定（BET）用于分析所合成材料的比表面积和孔结构分布特征。

2.2.7 样品活化

在吸附和光催化实验前，将合成的配合物 1~4 用甲醇和 DMF 洗涤，之后浸泡在甲醇中 2 天。最后将样品过滤并加热至 120℃干燥，在真空下活化 12 h 以除去其中的客体溶剂。

2.2.8 光催化活性研究

通过在可见光（λ>400 nm）下去除 MB 来研究所制备样品的光催化活性。典型的光催化实验在室温下具有回流水的 Pyrex 反应器中进行，并使用 500 W 氙灯光源照射，在灯和样品之间插入 400 nm 滤光片以滤出紫外线（λ<400 nm）。具体操作如下：将 50 mg 的样品分散到 100 mL 的 0.5 mg/L MB 水溶液中。为了确保吸附平衡，悬浮液在黑暗中搅拌 40 min 后开灯。每 30 min 取出 5.0 mL 悬浊液离心（10000 rpm，2.0 min）以除去测量前的光催化剂，取上清液通过紫外分光光度计测试在 665 nm 处的 MB 的特征吸收来监测 MB 水溶液的浓度变化，并记录其吸光强度。通过式（2.1）计算 MB 的降解率。

$$降解率（\%）=（1-C/C_0）\times 100\% \tag{2.1}$$

其中，C_0 为有机物的初始浓度，C 为反应过程中某时刻有机物的浓度。

2.2.9 活性物种捕获实验

使用异丙醇（IPA）、乙二胺四乙酸二钠（EDTA-2Na）和1, 4- 苯醌（BQ）分别作为羟基自由基（·OH）、空穴（h^+）和超氧自由基（$·O_2^-$）的捕获剂，它们是光催化氧化的主要活性物种。在活性物种捕获实验中，分别使用1.0 mM TEOA、1.0 mM BQ 和 1.0 mM IPA 加入混有 0.5 mg/L 100 mL MB 和 50 mg 催化剂的溶液中。开灯进行光照，每 30 min 取出 5.0 mL 悬浊液离心，取上清液通过紫外分光光度计测试在波长为 665 nm 处的 MB 溶液的吸光度。

2.3 结果与讨论

2.3.1 晶体结构的测定与晶体学数据

选择晶体大小分别为 0.235 mm × 0.086 mm × 0.058 mm（配合物 1）、0.493 mm × 0.245 mm × 0.169 mm（配合物 2）、0.599 mm × 0.094 mm × 0.145 mm（配合物 3）和 0.361 mm × 0.140 mm × 0.098 mm（配合物 4）的单晶，在 Bruker SMART Apex Ⅱ 衍射仪上室温条件下用 Mo K_α（λ=0.71073 Å）射线进行衍射数据收集。晶体结构运用 SHELXS-2014 程序的直接法来解析，并使用 SHELXL-2014 软件得全矩阵最小二乘法 F^2 来进行精修[101]。所有的非氢原子通过各向异性温度因子进行修正，使用理论加氢获得配体上的氢原子。配合物 1 ~ 4 晶体学参数如表2.3所示。

表2.3　配合物 1~4 晶体学参数

配合物	1	2	3	4
化学式	C$_{24}$H$_{15}$NO$_8$Zn$_2$	C$_{24}$H$_{19}$NO$_9$Mn	C$_{24}$H$_{23}$NO$_{11}$Cd	C$_{27}$H$_{26}$N$_2$O$_{13}$Pb$_2$
相对分子量	576.11	520.34	613.84	1000.88
晶体颜色	黄色	淡黄色	无色透明	黄色
晶体尺寸 /mm^3	0.163 × 0.135 × 0.090	0.484 × 0.317 × 0.143	0.513 × 0.395 × 0.183	0.259 × 0.395 × 0.183
晶系	单斜	正交	正交	三斜

配合物	1	2	3	4
空间群	$P21/n$	$Pna21$	$Pbca$	$P\bar{1}$
a/Å	9.6600（11）	14.7492（11）	10.8479（18）	11.1170（10）
b/Å	22.258（3）	12.7864（10）	20.105（3）	11.2139（10）
c/Å	11.3838（13）	11.1699（8）	22.305（4）	13.6948（12）
α/(°)	90	90	90	104.0590（10）
β/(°)	106.975（2）	90	90	100.2590（10）
γ/(°)	90	90	90	93.090（2）
V/Å³	2341.0（5）	2106.5（3）	4864.7（14）	1621.2（2）
Z	4	4	8	2
T/K	293	150	296	297
衍射点收集	12716	14736	25216	9157
独立衍射点	4595	4760	4827	6360
R/int	0.0397	0.0200	0.0450	0.0254
基于 F_2 的 GOF 值	1.020	1.038	1.027	1.059
R_1 [$I>2\sigma(I)$] [a]	0.0443	0.0291	0.0312	0.0497
wR_2 [$I>2\sigma(I)$] [b]	0.1083	0.0738	0.0718	0.1343
R_1（全部数据）[a]	0.0624	0.0313	0.0479	0.0654
ωR_2（全部数据）[b]	0.1161	0.0751	0.0790	0.1425

注：$R_1=\sum(|F_o|-|F_c|)/\sum|F_o|$；$\omega R_2=[\sum w(|F_o|-|F_c|)^2/\sum wF_o^2]^{1/2}$；[$F_o>4\sigma(F_o)$]。

2.3.2 X 射线单晶结构分析

配合物 1~4 的部分键长和键角分别列于表 2.4 至表 2.7 中。

表 2.4　配合物 1 的部分键长和键角

键长 /Å					
Zn（1）-O（2）[#3]	1.924（3）	Zn（1）-O（5）[#1]	1.924（3）	Zn（1）-O（8）[#2]	1.932（4）
Zn（2）-O（6）[#2]	1.925（3）	Zn（2）-O（7）[#1]	1.945（3）	Zn（2）-O（4）[#4]	1.948（3）

续表

键角 / (°)					
O（2）^{#3}-Zn（1）- O（5）^{#1}	99.09 （16）	O（2）^{#3}-Zn（1）- O（8）^{#2}	104.49 （17）	O（5）^{#1}-Zn（1）-O（8）^{#2}	124.69 （18）
O（2）^{#3}-Zn（1）-O（1）	124.27 （16）	O（5）^{#1}-Zn（1）-O（1）	106.06 （16）	O（8）^{#2}-Zn（1）-O（1）	100.52 （16）
O（6）^{#2}-Zn（2）-O（3）	100.95 （15）	O（6）^{#2}-Zn（2）- O（7）^{#1}	124.83 （17）	O（3）-Zn（2）-O（7）^{#1}	103.38 （15）
O（6）^{#2}-Zn（2）- O（4）^{#4}	117.67 （17）	O（3）-Zn（2）- O（4）^{#4}	110.38 （15）	O（7）^{#1}-Zn（2）- O（4）^{#4}	98.69 （15）

对称代码：#1 −x+5/2, y−1/2, −z+3/2；#2 x+1/2, −y+1/2, z+1/2；#3 −x+2, −y, −z+2；#4 −x+3, −y, −z+1。

表2.5　配合物2的部分键长和键角

键长 /Å					
Mn-O（7）^{#5}	2.134（2）	Mn-O（1）^{#4}	2.061（2）	Mn-O（1W）	2.092（2）
Mn-O（4）^{#6}	2.1849（17）	O（5）-Mn- O（1）^{#4}	122.63（10）	O（5）-Mn-O （1W）	121.58（11）
键角 / (°)					
O（1）^{#4}- Mn-O（1W）	115.72（11）	O（5）-Mn- O（7）^{#5}	102.46（10）	O（1）^{#4}- Mn-O（7）^{#5}	85.18（9）
O（1W）-Mn- O（7）^{#5}	84.18（9）	O（5）-Mn- O（4）^{#6}	84.14（10）	O（1）^{#4}- Mn-O（4）^{#6}	95.54（9）

对称代码：#4 x−1/2, −y+3/2, z−1；#5 x, y+1, z−1；#6 −x+2, −y+1, z−1/2。

表2.6　配合物3的部分键长和键角

键长 /Å					
Cd-O（1W）	2.229（2）	Cd-O（2）^{#1}	2.234（2）	Cd-O（4）^{#2}	2.2700（19）
Cd-O（2W）	2.291（2）	Cd-O（3）^{#2}	2.488（2）	Cd-O（5）	2.515（2）
键角 / (°)					
O（3）^{#2}-Cd-O （5）	76.17（6）	O（1W）-Cd- O（2）^{#1}	98.90（8）	O（1W）-Cd-O （4）^{#2}	161.72（8）
O（2）^{#1}-Cd-O （2W）	123.17（7）	O（4）^{#2}-Cd-O （3）^{#2}	54.87（6）	O（2）^{#1}-Cd-O （5）	79.11（7）
O（4）^{#2}-Cd-O （5）	84.45（7）	O（2W）-Cd- O（5）	157.03（7）		

对称代码：#1 −x+1/2, y−1/2, z；#2 x+1, y, z。

表 2.7　配合物 4 的部分键长和键角

键长 /Å					
Pb(1)-O(6)[#2]	2.387(7)	Pb(1)-O(5)[#2]	2.517(8)	Pb(1)-O(7)[#3]	2.602(7)
Pb(2)-O(8)[#1]	2.299(12)	Pb(2)-O(7)[#1]	2.698(8)	O(6)[#2]-Pb(1)-O(2)	75.4(3)
键角 /(°)					
O(2)-Pb(1)-O(1)	52.5(2)	O(6)[#2]-Pb(1)-O(5)[#2]	53.8(2)	O(6)[#2]-Pb(1)-O(7)[#3]	77.9(3)
O(8)[#1]-Pb(2)-O(4)	96.4(4)	O(8)[#1]-Pb(2)-O(1W)	74.8(4)	O(1W)-Pb(2)-O(3)	114.0(4)
O(1W)-Pb(2)-O(7)[#1]	128.0(4)	O(4)-Pb(2)-O(7)[#1]	119.5(3)	O(8)[#1]-Pb(2)-O(7)[#1]	54.6(4)

对称代码：#1 $-x+2$, $-y+2$, $-z+2$；#2 $-x+1$, $-y$, $-z+1$；#3 $-x+2$, $-y+1$, $-z+2$。

2.3.2.1　配合物 1 的晶体结构分析

单晶结构分析表明：配合物 1 隶属于单斜晶系，$P2_1/n$ 空间群。如图 2.3 所示，它的不对称结构单元中包括 2 个晶体学独立的锌离子 Zn（Ⅱ）离子和 1 个 L^{4-} 配体。2 个晶体学独立的金属中心展现出四配位的模式，其中 Zn1 以四配位、四面体的模式呈现，分别与 4 个 L^{4-} 配体上的 4 个 O 原子配位 [O（1），O（2）[#3]，O（5）[#1] 和 O（8）[#2]，对称代码：#1 $-x+5/2$, $y-1/2$, $-z+3/2$；#2 $x+1/2$, $-y+1/2$, $z+1/2$；#3 $-x+2$, $-y$, $-z+2$]。Zn2 同样以四配位、四面体的模式呈现，分别与 4 个 L^{4-} 配体上的 4 个 O 原子配位 [O（3），O（4）[#4]，O（6）[#2]，O（7）[#1]，对称代码：#4 $-x+3$, $-y$, $-z+1$]。Zn-O 的平均键长为 1.922（3）~ 1.948（3）Å，这与文献报道一致[102]。过渡金属中心 Zn1 和 Zn2 通过 L^{4-} 配体的羧酸基团连接，形成双核 Zn（Ⅱ）结构，并进一步被羧酸基团连接产生无限的 Zn（Ⅱ）- 羧酸链，该链可被视为杆状次级建筑单元（SBU）[图 2.4（a）]。在配合物 1 中，H_4L 配体完全去质子化，每个 L^{4-} 配体连接 8 个 Zn 原子作为 μ8- 桥，其中每个 H_4L 羧酸配体上的 O 原子与 Zn（Ⅱ）离子采取的是单齿桥联和双齿螯合 2 种配位方式，H_4L 配体上的 N 原子不参与配位 [图 2.4（b）]。值得注意的是，这些平行的杆状 SBUs 被 L^{4-} 配体连接起来，形成一个三维超分子网络结构，并且相邻 L^{4-} 配

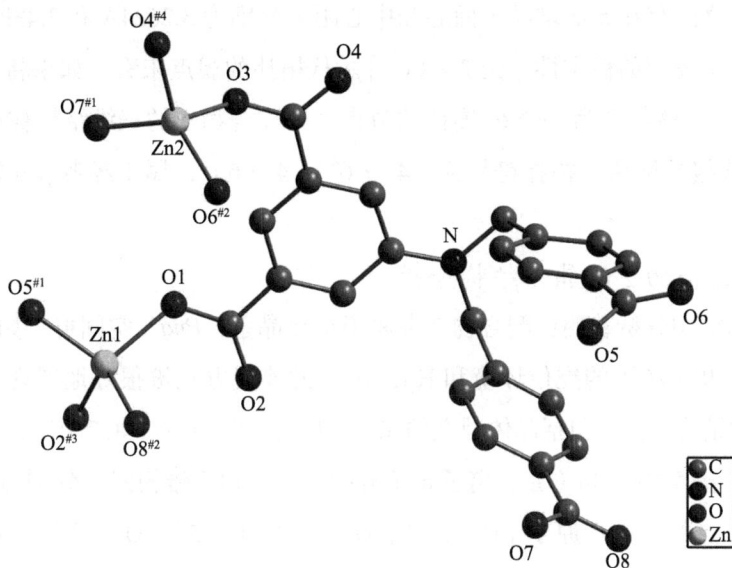

图2.3 配合物1的中心金属配位图（为便于观察，氢原子未画出）
（对称代码：#1 −x+5/2, y−1/2, −z+3/2；#2 x+1/2, −y+1/2, z+1/2；#3 −x+2,
−y, −z+2；#4 −x+3, −y, −z+1）

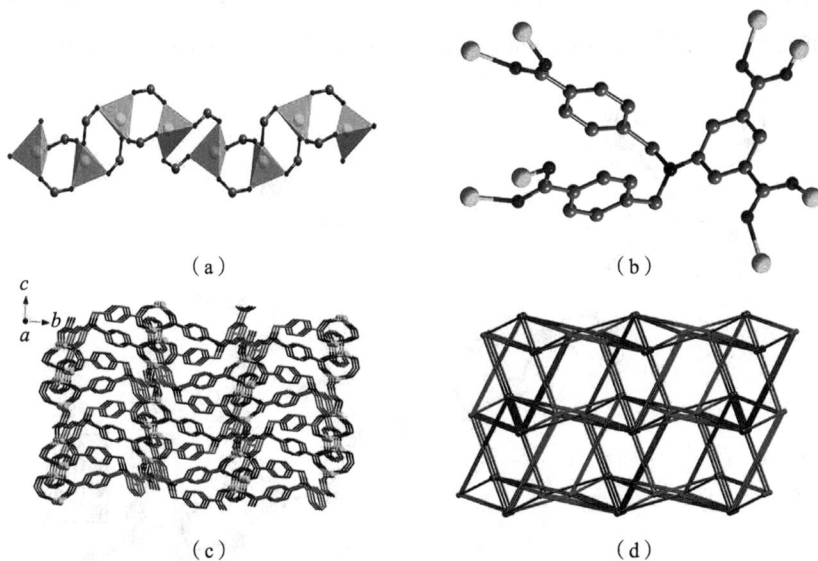

（a）

（b）

（c）

（d）

图2.4 （a）配合物1的杆状SBU结构；（b）配合物1中L^{4-}配体的配位模式图；（c）配合物1沿a轴方向的三维超分子结构；（d）配合物1的6-连接的节点拓扑符号为（4^{11}·6^{4}）（4^{7}·6^{8}）的三维超分子拓扑结构

体的苯环之间存在 π–π 堆叠（面心和中心距离分别为 3.2624Å 和 3.439 Å），进一步增加了骨架的稳定性［图 2.4（c）］。从拓扑的观点来看，如果将双核 Zn^{2+} 中心和 L^{4-} 配体都视为一个 6- 连接的节点，则配合物 1 的三维结构被简化成双节点 6- 连接的网络，拓扑符号为 $(4^{11} \cdot 6^4)(4^7 \cdot 6^8)$，属于经典 pcu 拓扑［图 2.4（d）］。

2.3.2.2 配合物 2 的晶体结构分析

单晶结构分析表明：配合物 2 隶属于正交晶系，$Pna2_1$ 空间群。如图 2.5 所示，Mn（Ⅱ）离子的配位环境和 H_2L^{2-} 配体的连接方式被很好地展现出来，它的不对称结构单元中包括晶体独立的 Mn（Ⅱ）离子、1 个 H_2L^{2-} 配体和 1 个配位水分子。金属中心 Mn（Ⅱ）离子属于五配位、三角双锥模式，分别与 4 个 H_4L 羧酸配体上的 4 个 O 原子［O（1）[#4]，O（4）[#6]，O（5），O（7）[#5]，对称代码：#4 $x-1/2$, $-y+3/2$, $z-1$；#5 x, $y+1$, $z-1$；#6 $-x+2$, $-y+1$, $z-1/2$］和 1 个配位水分子（O1W）配位。Mn-O 的平均键长为 2.028（3）~ 2.1829（19）Å，这与文献报道一致[103]。在配合物 2 中，H_4L 羧酸配体上的 O 原子与 Mn（Ⅱ）离子均采取的是单齿桥联的模式，值得注意的是，H_4L 配体中的每个羧酸上仅有 2 个 H^+ 离子被质子化，并与金属中心 Mn（Ⅱ）离子配位，未离去的 H^+ 离子用来平衡配

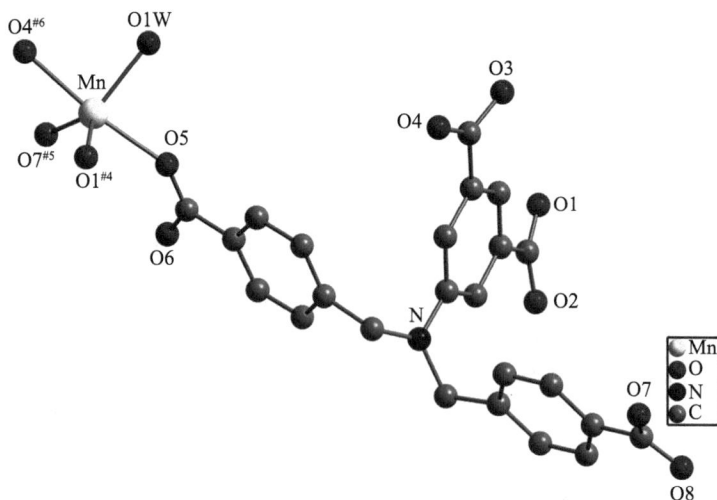

图 2.5　配合物 2 的中心金属配位图（为便于观察，氢原子未画出）
（对称代码：#4 $x-1/2$, $-y+3/2$, $z-1$；#5 x, $y+1$, $z-1$；#6 $-x+2$, $-y+1$, $z-1/2$）

合物的电荷［图 2.6(a)］。如图 2.6(b) 所示，每个 H_2L^{2-} 配体桥连接 4 个 Mn(Ⅱ)离子，每个 Mn(Ⅱ) 离子又与 4 个 H_2L^{2-} 配体连接，最终形成复杂的三维超分子结构。从拓扑学的角度看，H_2L^{2-} 配体和金属中心 Mn(Ⅱ) 离子都可以作为 4- 连接的节点，则配合物 2 将被简化成拓扑符号为 $(6^2 \cdot 8^4)(6^3 \cdot 8^3)$ 的拓扑结构［图 2.6（c）］。

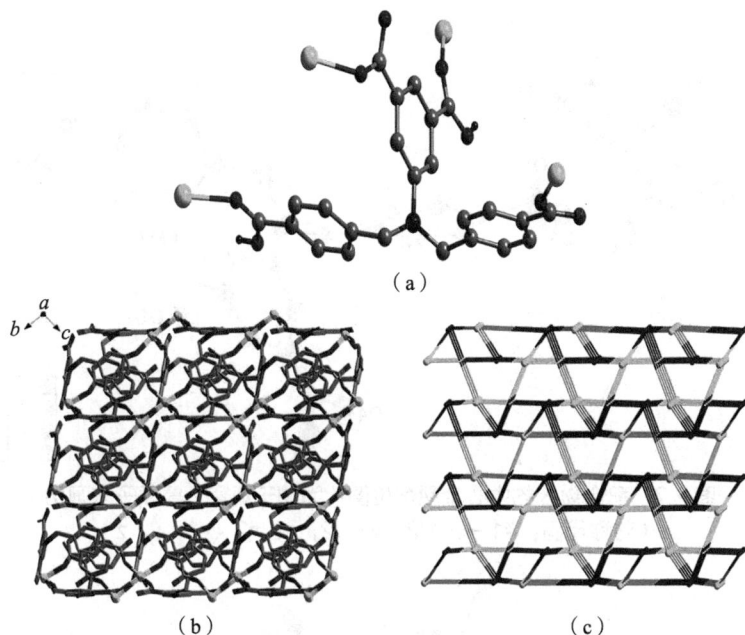

图2.6 （a）配合物2中 H_2L^{2-} 配体的配位模式图；（b）配合物2沿 a 轴方向的三维超分子结构；（c）配合物2的4- 连接的节点拓扑符号为 $(6^2 \cdot 8^4)(6^3 \cdot 8^3)$ 的三维超分子拓扑结构

2.3.2.3 配合物 3 的晶体结构分析

单晶结构分析表明：配合物 3 隶属于正交晶系，$Pbca$ 空间群。如图 2.7 所示，它的不对称结构单元中包括晶体独立的 Cd(Ⅱ) 离子、1 个 H_2L^{2-} 配体、2 个配位水分子以及 1 个游离的水分子。金属中心 Cd(Ⅱ) 离子属于七配位模式，5 个氧原子 [O(1)#1, O(2)#1, O(3)#2, O(4)#2, O(5)，对称代码：#1 $-x+1/2$, $y-1/2$, z; #2 $x+1$, y, z] 分别来自 3 个不同 H_2L^{2-} 配体的羧基基团，其中 1 个氧原子与金属中心 Cd(Ⅱ) 离子通过弱相互作用配位，其余 2 个氧原子 [O(1W), O(2W)] 由 2 个配位水分子占据。Cd-O 的平均键长为 2.227(2)～

2.705（2）Å，这与文献报道一致[104]。在配合物 3 中，每个 H$_2$L^{2-} 配体的 4 个羧基基团中只有 2 个 H$^+$ 离子被质子化，其余的羧基基团分别以单齿桥连和双齿螯合模式与金属中心 Cd（Ⅱ）离子配位。值得注意的是，H$_2$L^{2-} 配体中只有 1 个质子化羧基基团没有配位 [图 2.8（a）]。如图 2.8（b）所示，每个 H$_2$L^{2-} 配体连接 3 个金属中心 Cd（Ⅱ）离子。以这种方式，金属中心 Cd（Ⅱ）离子通

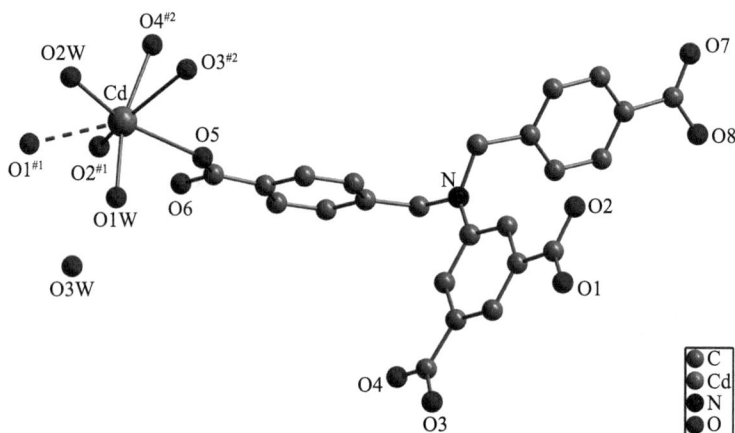

图 2.7　配合物 3 的中心金属配位图（为便于观察，氢原子未画出）
（对称代码：#1 −x+1/2，y−1/2，z；#2 x+1，y，z）

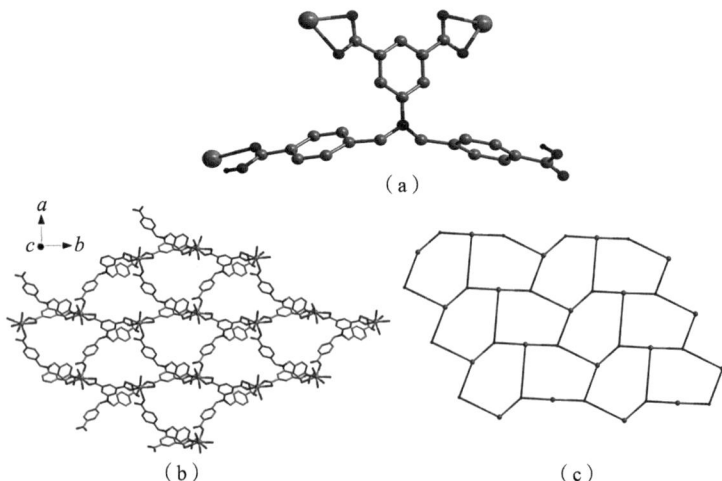

图 2.8　（a）配合物 3 中 H$_2$L^{2-} 配体的配位模式图；（b）配合物 3 沿 c 轴方向的二维层状结构；（c）配合物 3 的 3- 连接的节点拓扑符号为（6^3）$_2$ 的三维超分子拓扑结构

过 H_2L^{2-} 配体互连以形成二维层状结构 [图 2.8 (b)]。从拓扑学的角度看，Cd（Ⅱ）离子和 H_2L^{2-} 配体都可以作为 3- 连接的节点，因此配合物 3 将被简化成拓扑符号为 $(6^3)_2$ 的拓扑结构 [图 2.8 (c)]。

2.3.2.4 配合物 4 的晶体结构分析

在水热条件下用 $Pb(NO_3)_2$ 和 H_4L 合成配合物 4。在精修过程中，我们使用了 PLATON 中的 SQUEEZE 程序除去结构中的无序溶剂[105]。通过 TG、元素分析和残余电子密度确定了每一个分子式中有 1 个晶格 DMF 和 3 个晶格水分子。如图 2.9 所示，配合物 4 隶属于三斜晶系，$P\bar{1}$ 空间群，它的不对称结构单元中包括 2 个晶体独立的 Pb（Ⅱ）离子、1 个 L^{4-} 配体、1 个配位水分子、1 个晶格 DMF 和 3 个晶格水分子。2 个晶体学独立的金属中心分别展现出五配位和七配位的模式，其中 Pb1 以五配位、三角双锥的模式呈现，5 个氧原子 [O(1)，O(2)，O(5)#2，O(6)#2，O(7)#3，对称代码：#2 $-x+1$，$-y$，$-z+1$；#3 $-x+2$，$-y+1$，$-z+2$] 分别来自 3 种不同的 L^{4-} 配体。Pb2 以七配位模式呈现，其中 1 个氧原子 [O(1W)] 来自配位水分子，另外 6 个氧原子 [O(2)，O(3)，O(4)，O(6)#2，O(7)#1，O(8)#1，对称代码：#1 $-x+2$，$-y+2$，$-z+2$] 分

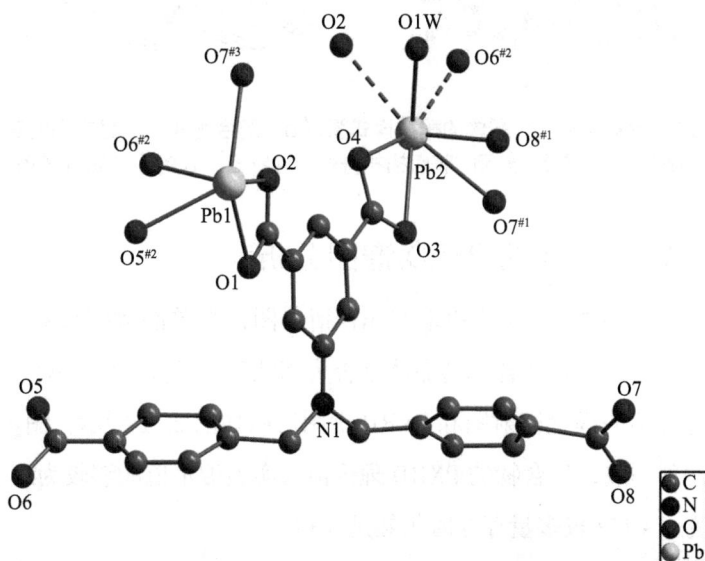

图 2.9 配合物 4 的中心金属配位图（为便于观察，氢原子未画出）
（对称代码：#1 $-x+2$，$-y+2$，$-z+2$；#2 $-x+1$，$-y$，$-z+1$；#3 $-x+2$，$-y+1$，$-z+2$）

别来自 3 个不同的 L^{4-} 配体。值得注意的是，2 个氧原子 [O (2)，O (6)$^{#2}$] 与金属中心 Pb（Ⅱ）离子通过弱相互作用配位。Pb-O 的平均键长为 2.296（4）~ 2.677（8）Å，这与文献报道一致[106, 107]。每个 L^{4-} 配体桥连 5 个 Pb（Ⅱ）离子的配位模式 [图 2.10 (a)]，并且每个金属中心 Pb（Ⅱ）离子连接 3 个 L^{4-} 配体形成三维超分子结构 [图 2.10 (b)]。从拓扑学角度看，Pb（Ⅱ）离子中心和 L^{4-} 配体都可以简化成 5- 连接的节点，因此配合物 4 将被简化成拓扑符号为 $4^3 \cdot 6^6 \cdot 8$ 拓扑结构的 5 连接框架 [图 2.10 (c)]。通过 PLATON 中的 SQUEEZE 程序除去无序溶剂后，晶胞中的空余体积是 565.4 Å^3，占整个晶胞体积的 34.9%。

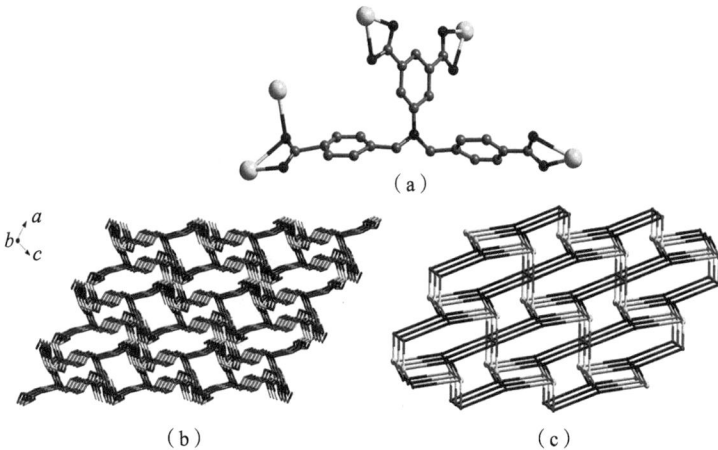

图 2.10 （a）配合物 4 中 L^{4-} 配体的配位模式图；（b）配合物 4 沿 b 轴方向的三维超分子结构；（c）配合物 4 的 5- 连接的节点拓扑符号为 $4^3 \cdot 6^6 \cdot 8$ 的三维超分子拓扑结构

2.3.3 配合物 1~4 的 PXRD 谱图分析

通过测定配合物 1~4 的粉末 PXRD 衍射图，与单晶数据计算得到的理论衍射图进行对比，来判断合成的晶体是否为相纯度高的配合物。配合物 1~4 的单晶数据计算出的理论衍射图和 PXRD 谱图对照如图 2.11 所示，图谱中的峰型基本能够达到一致，配合物的 PXRD 理论值与实验测定值能够较为理想的吻合，说明配合物 1~4 在较多量存在时仍然是纯相。

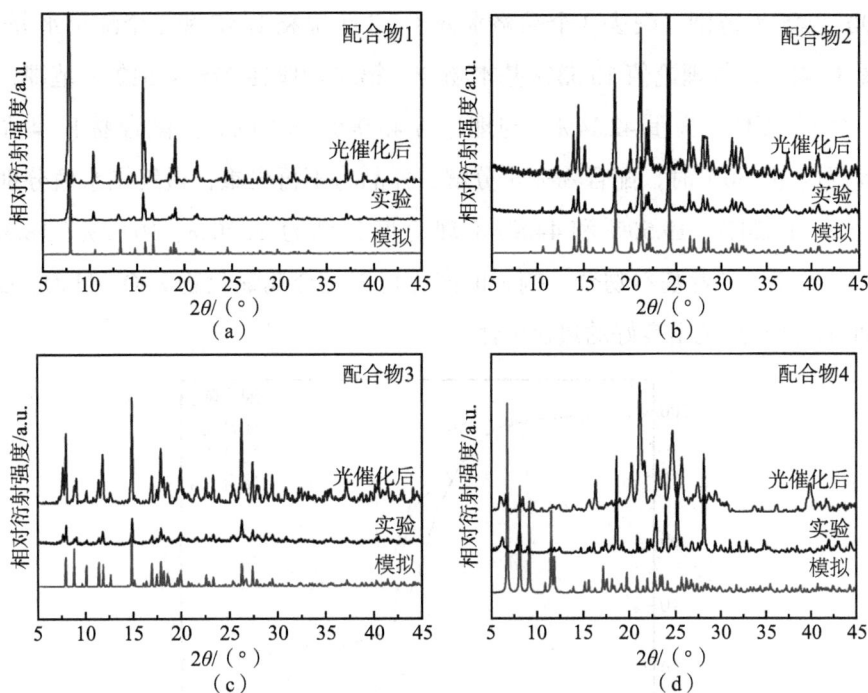

图2.11　配合物1~4的PXRD谱图

2.3.4　配合物1~4的TG及TG-FTIR分析

2.3.4.1　配合物1~4的TG分析

配合物1~4的热重分析曲线如图2.12所示，TGA曲线表明在50~800℃范围内显现出不同的失重过程。配合物1的热重曲线在50~800℃范围出现一步失重：对应在225~680℃范围，失去1个L^{4-}配体，失重76.9%，与理论值77.3%基本吻合。配合物2的热重曲线在50~800℃范围出现两段失重：第一阶段在90~155℃范围，失去1个配位的H_2O分子，失重3.41%，与理论值3.46%基本吻合；第二阶段在285~650℃范围，失去1个H_2L^{2-}配体，失重85.95%，与理论值85.92%基本吻合。配合物3的热重曲线在50~800℃范围出现两段失重：第一阶段在85~135℃范围，失去1个游离的H_2O分子和2个配位的H_2O分子，失重8.81%，与理论值8.79%基本吻合；第二阶段从330℃开始失重，对应失去1个H_2L^{2-}配体，失重72.87%，与理论值72.84%基本吻合。配合物4的热重曲线在50~800℃范围同样也出现两段失重：第一阶段在 90 ~ 245 ℃范围，失去 3 个晶格水分子、1 个晶格 DMF 和 1 个配位水分子，失重 13.46%，与理论值 13.53% 基本吻合；第二阶段在 275 ~ 512 ℃范围，失去 1 个 L^+ 配体，失重 42.14%，与理论值 45.04% 基本吻合。配合物 1 ~ 4 在热分解温度超 750℃时，配合物完全分解，样品将不再失重，最终剩余值分别为 21.65%、11.24%、19.56% 和 44.8%（理论值分别为 22.70%、10.62%、18.37% 和 41.43%），二者基本吻合。剩余的产物可能是金属氧化物 ZnO、MnO、CdO 和 PbO，并且展现出良好的热稳定性。

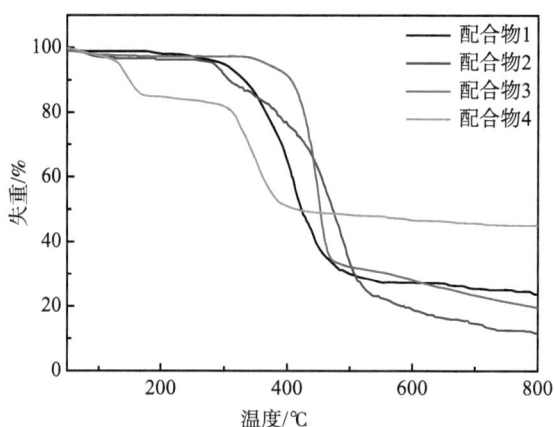

图 2.12　配合物 1~4 的热重曲线

2.3.4.2　配合物 1 ~ 4 的 TG-FTIR 分析

热重分析仪（TGA）可以有效地分析样品非等温热解过程中的失重特性，但在每个失重阶段所产生的气体产物成分对于单独的热重分析仪、差示扫描量热仪、傅里叶变换红外光谱仪等，都是无法解决的。热红联用技术提供了强有力的分析手段，将 TG 的定量分析能力和傅里叶变换红外光谱仪（FT-IR）的定性分析能力结合为一体组成 TG-FTIR，可以将配合物热解过程中的失重特性、气体产物的官能团组成及相对量联系起来进行探讨研究，实时监测整个分解过程中样品热解的重量变化和气体产物，实现无滞留、返混、高灵敏的检测[108]。

为了观察材料在热重分解过程中各个阶段的逸出气体成分，通过引入的 FTIR 对其官能团和相关小分子进行了识别和定量分析[109, 110]。表 2.8 列出了部

分 $400 \sim 4000 \mathrm{cm}^{-1}$ 范围内可能产生的气体产物及官能团所对应的红外光谱波段。采用 TG-FTIR（氮气）技术对合成的 4 种配合物进行热分析，配合物 1～4 在热分解过程中释放的气相三维红外积累光谱如图 2.13 所示。配合物 1～4 在不同温度下分解的气体产物，从 FTIR 谱图可以看出（图 2.14），主要气体产物是二氧化碳（CO_2）、一氧化碳（CO）、水（H_2O）和氨气（NH_3）。波数为 $2258 \sim 2400 \mathrm{~cm}^{-1}$ 和 $653 \sim 680 \mathrm{~cm}^{-1}$ 则对应 CO_2 的特征吸收峰，并且二者的吸光度强度均较大，由于配合物中有机酸的分解会产生大量 CO_2，导致 CO_2 的吸收峰显著增强，其他产物相对减弱。在 $3450 \sim 4000 \mathrm{~cm}^{-1}$ 和 $1300 \sim 1950 \mathrm{~cm}^{-1}$ 处观察到的吸收峰，表示有 H_2O（水蒸气）产生。波数在 $2050 \sim 2226 \mathrm{~cm}^{-1}$ 范围内的双吸收峰则对应 CO 的特征峰。CO 的吸收峰强度由弱变强，再由强变弱，表明进一步加热会导致这些气态物质和新成分的排放量明显增加。配合物 1～4 热解还会产生 NH_3，分别对应热解产物红外光谱图中 $3045 \sim 3060 \mathrm{~cm}^{-1}$、$960 \sim 967 \mathrm{~cm}^{-1}$ 和 $916 \sim 925 \mathrm{~cm}^{-1}$ 处出现吸收峰。此外，在 $2956 \sim 3030 \mathrm{~cm}^{-1}$ 出现的吸收峰归属于芳烃的 ν（C-H）。在 $1600 \sim 1900 \mathrm{~cm}^{-1}$ 处的吸收峰被认为是 -COOH 的 ν（C=O）的特征吸收。TG-FTIR 分析表明，所研究的 MOFs 结构中不存在残留溶剂且不吸湿。此外，该技术证实了配合物 1～4 热解过程中各种化合物的形成，气体成分 CO_2、H_2O、CO、NH_3 是热解过程的主要挥发分解产物。

表 2.8　部分气体产物及官能团对应的红外光谱波段

气体产物或官能团	波长 /cm^{-1}	对应物质
H_2O	3450 ~ 4000 1300 ~ 1950	—
CO_2	2258 ~ 2400 653 ~ 680	—
CO	2050 ~ 2226	—
NH_3	3045 ~ 3060 960 ~ 967 916 ~ 925	—
C-H	2956 ~ 3030	烃类、甲烷
C=O	1600 ~ 1900	羧酸、醛、酮、伯酰胺等

（a）配合物1　　　　　　　　　　　（b）配合物2

（c）配合物3　　　　　　　　　　　（d）配合物4

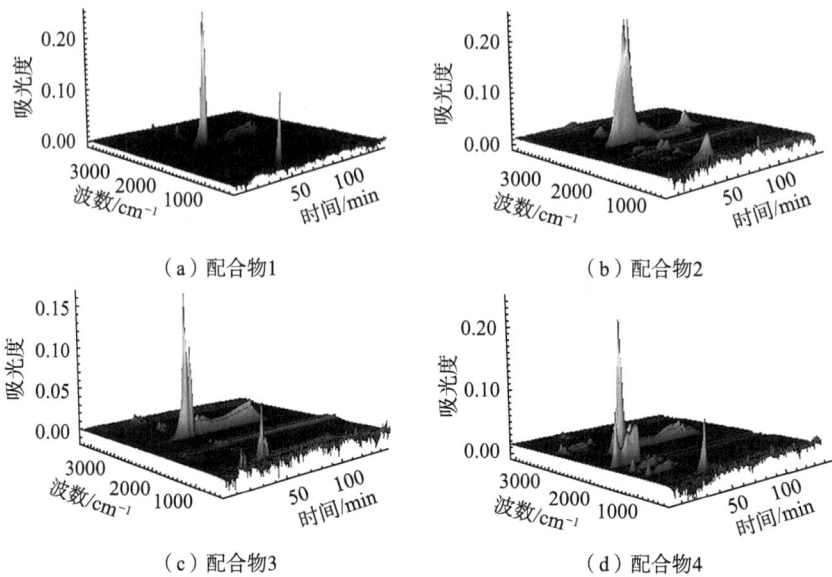

图 2.13 （a）~（d）配合物 1~4 中主要气体的三维红外积累光谱

2.3.5　配合物 1~4 的气体吸附研究

众所周知，比表面积是提高配合物吸附活性和反应位点的重要因素。为了考察配合物的孔隙度，我们研究了配合物对 N_2 和 CO_2 的吸附性能。配合物 1~4 的 N_2 吸附—脱附等温线如图 2.15 所示，配合物 1~4 在 77 K 和 1 atm（标准大气压）下的 N_2 吸附—脱附等温线呈 IV 型的特征，说明配合物存在介孔甚至是大孔结构，并且这些配合物的磁滞回线很小，综合单晶结构图可得出结论，配合物 1~4 具有介孔材料的特性，其在标准温度和压力下的饱和氮气吸附量分别为 28.6 cm^3/g、13.7 cm^3/g、6.4 cm^3/g、33.8 cm^3/g。此外，配合物 1~4 的 BET 比表面积（S_{BET}）分别为 34.7 m^2/g、29.2 m^2/g、11.3 m^2/g、6.38 m^2/g，通过比较高比表面积的配合物 1 将有着高于其他配合物的吸附活性，同时较大的 BET 比表面积可以提供更多光催化反应的活性位点，将促进光催化剂与有机污染物更为有效地接触并反应，进而有利于提高光催化性能。

基于对 MOFs 孔径大小的研究，利用 CO_2（动力学直径：3.3 Å）和 N_2（动力学直径：3.64 Å）对 MOFs 的选择性吸附性能进行了测试，以验证 MOFs 的孔隙率和确定 MOFs 的比表面积。在 273 K 和 298 K 下，1 atm 压力下测定了样品

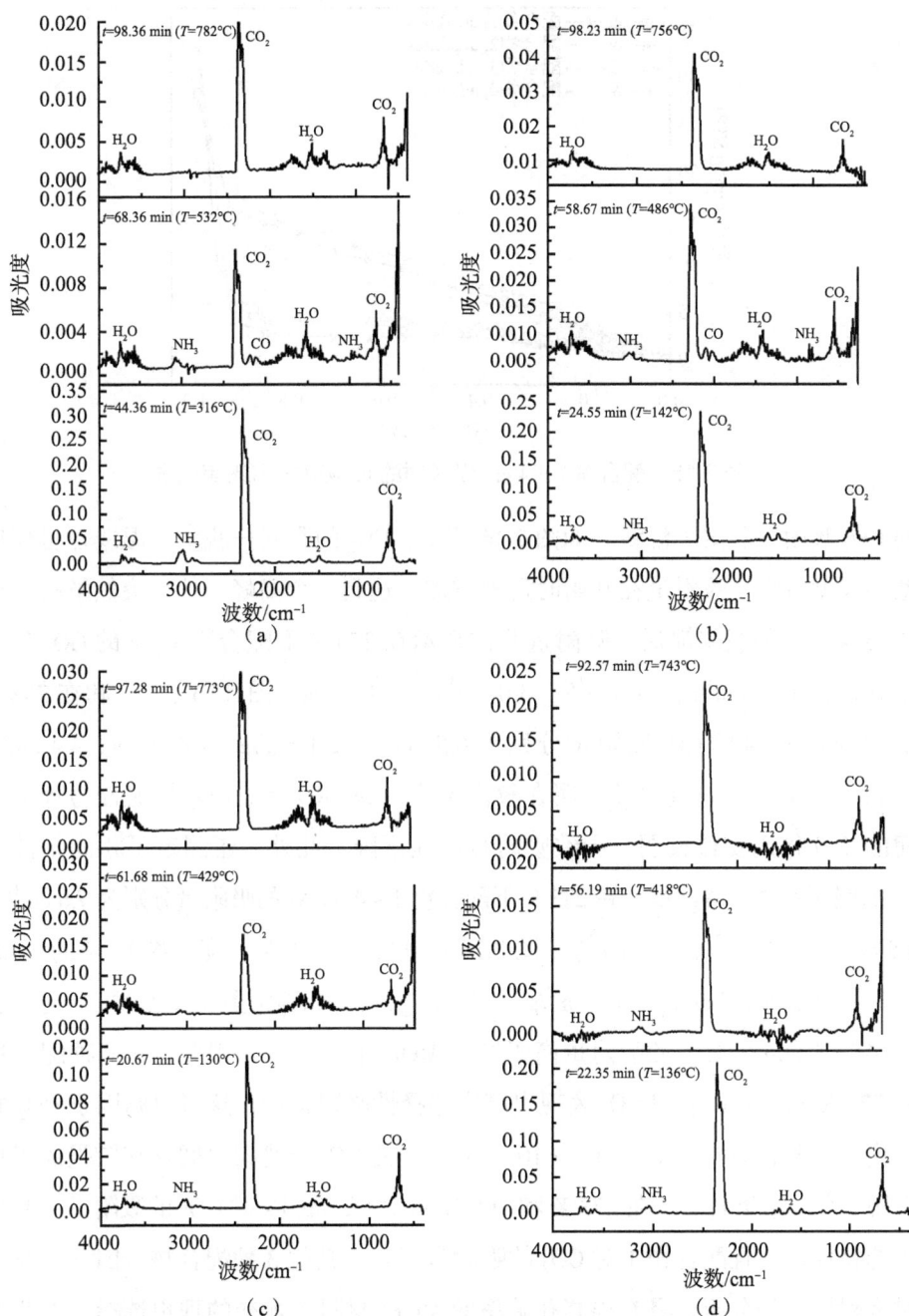

图 2.14　不同温度下配合物 1~4 的主要气体产物的红外光谱

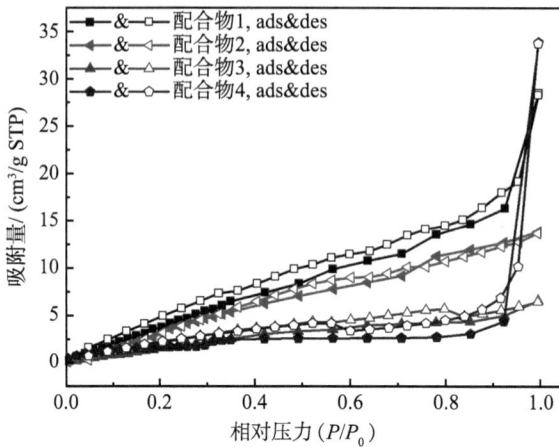

图 2.15 配合物 1~4 在 77 K 时的 N_2 吸附—脱附等温线

的 CO_2 吸附—脱附等温线。如图 2.16 所示，CO_2 的吸附—脱附等温线也呈现典型的Ⅳ型特征，吸附量在开始时逐渐增加，达到一个高峰，然后突然解吸，导致出现明显的吸附滞后。吸附量测试显示在 273 K 下配合物 1~4 的 CO_2 吸附量分别为 11.5 cm^3/g、5.4 cm^3/g、3.0 cm^3/g、8.9 cm^3/g［图 2.16（a）］和在 298 K 下配合物 1~4 的 CO_2 吸附量分别为 6.5 cm^3/g、2.1 cm^3/g、1.8 cm^3/g、4.4 cm^3/g［图 2.16（b）］，通过比较表明在较高温度（298 K）下，CO_2 与配合物骨架之间的相互作用变得较弱，导致吸附量明显下降。此外，还测定了相同条件下 N_2 的吸附—脱附等温线。在 273 K 下配合物 1~4 的 N_2 的吸附量分别为 7.6 cm^3/g、4.5 cm^3/g、2.0 cm^3/g、1.6 cm^3/g［图 2.16（c）］，在 298 K 下配合物 1~4 的 N_2 的吸附量分别为 5.4 cm^3/g、1.6 cm^3/g、1.5 cm^3/g、1.3 cm^3/g［图 2.16（d）］。配合物 1~4 在 1 atm 压力下的吸附量高于某些 MOFs 材料[111]。因此，这 4 种配合物对 273 K 和 298 K 下的 CO_2 表现出高度选择性吸附特性，这可以归因于 CO_2 的极化率和显著的四极矩（-1.4×10^{-39} cm^2），使 CO_2 与骨架之间存在较强的相互作用[112]。结果表明，在 273 K 和 298 K 温度下，MOFs 对 CO_2 的吸附具有明显的选择性，并且配合物 1 对 CO_2 的吸附量远高于其他 3 种配合物。因此，通过对吸附性能的分析，具有很高孔隙率的 MOFs 材料是最初的理想选择，以获得较高的吸附量。虽然这些配合物对 CO_2 的吸附能力不如一些报道的 MOFs，但它们相对于 N_2 的高选择性气体吸附行为进一步表明了它们可以用于 CO_2 的捕获

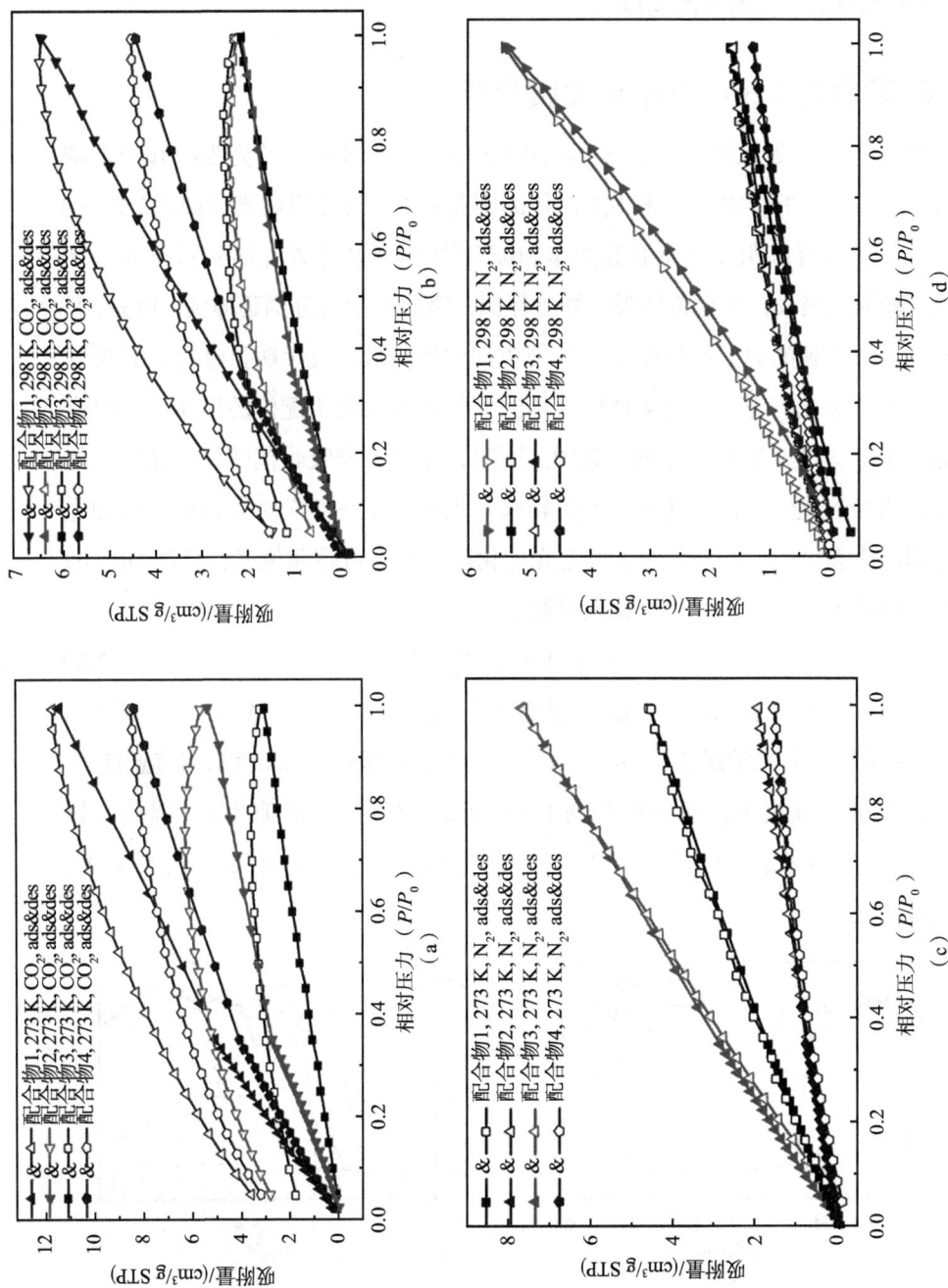

图2.16　(a)～(b)配合物1～4在273 K和298 K下的 CO_2 吸附—脱附等温线;
(c)～(d)配合物1～4在273 K和298 K下的 N_2 吸附—脱附等温线

和分离[113]。PXRD 图显示吸附气体前后衍射峰位置没有变化，表明配合物 1~4 的结构没有发生改变（图 2.11）。

2.3.6 配合物 1~4 的光学性质分析

紫外—可见漫反射光谱（UV-vis DRS）是研究光催化剂的光吸收和能带特性的常用方法。配合物 1~4 和 H_4L 配体的固态紫外—可见吸收光谱如图 2.17(a) 所示，从图中可以明显看出 H_4L 配体和配合物 1~4 从紫外光区到可见光区均表现出较强的吸收，并且紫外吸收峰型类似，吸收范围可分别延伸到 450 nm 和 560 nm，与单独的 H_4L 配体相比，光催化剂的吸收带边发生明显红移，并展现出很强的可见光响应。说明 4 种配合物的紫外吸收取决于配体的性质，可以有效地用于降解可见光区的有机污染物。同时，除可见光吸收范围外，还有其他因素影响光催化效率，包括有效电荷转移、光生电子—空穴对复合的概率和光催化剂的比表面积。此外，为了确定光催化剂的相对带隙和位置，根据 DRS 的结果，用式（2.2）计算了配合物的带隙。

$$\alpha h\nu = A\left(h\nu - E_g\right)^{n/2} \tag{2.2}$$

式（2.2）中 α 表示吸收系数，ν 是光频率，E_g 是带隙能量，A 是常数。其中，n 的值由半导体的光学跃迁类型决定（$n=1$ 表示直接跃迁，$n=4$ 表示间接跃迁）。根据以前的文献报道，对于配合物 1~4 为直接跃迁，n 的值为 1。因此，如图 2.17（b）所示，配合物 1~4 的带隙能（E_g）分别为 2.32 eV、2.54 eV、2.70 eV 和 2.92 eV。

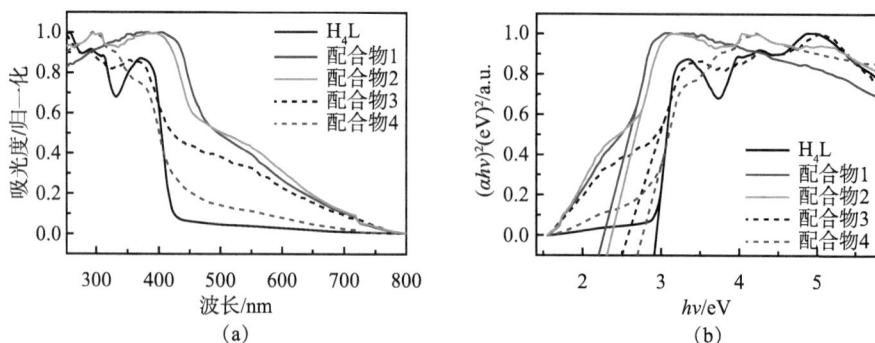

图 2.17 （a）配合物 1~4 和配体 H_4L 的紫外—可见漫反射光谱；（b）配合物 1~4 相应的带隙图

众所周知，配体敏化的金属—有机配合物通常具有优异的发光性能，在化学传感、光化学等领域有着潜在的应用价值。利用光致发光（PL）光谱可有效分析或估算样品的光生诱导电荷的载流子分离和迁移能力。通过电子空穴对在光催化剂界面上的转移和复合过程判断其光催化活性。通常认为，较高的光致发光强度提升了光生载流子的快速复合，导致光催化活性降低[114]。因此，我们在室温下研究了配合物1~4和自由配体的固态发光特性。如图2.18所示，配合物1~4和 H_4L 配体的 PL 光谱分别在 520 nm（λ_{ex}=370 nm）、450 nm（λ_{ex}=370 nm）、510 nm（λ_{ex}=335 nm）、491 nm（λ_{ex}=368 nm）和 427 nm（λ_{ex}=325 nm）处显示出强发射峰。配合物1~4的峰型与游离 H_4L 配体的峰型相似。相对于 H_4L 配体，配合物1~4的发射峰发生红移。可以推断，红移可能是由配体到金属的电荷转移（LMCT）引起的[115, 116]，该转移涉及质子化的 L^{4-} 配体与金属离子配位，从而导致了能级的变化[117]。具有较低发射强度的配合物，使其光生载流子分离和迁移能力增加，光催化活性增强。而发射强度不同可能是由于辅助配体和中心金属离子的配位环境不同所致。

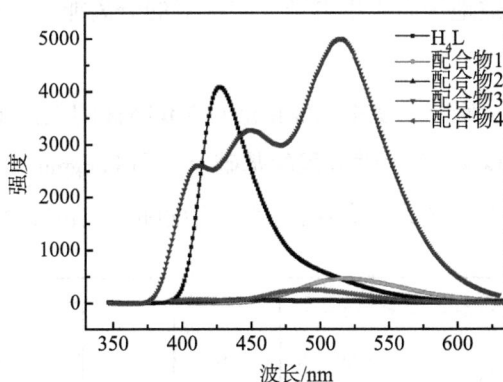

图 2.18　室温下配合物 1~4 及配体 H_4L 的荧光光谱图

2.3.7　光催化性能研究

基于太阳能转换，光催化技术为解决能源短缺和环境危机提供了一种有效的解决方案，并在分解有机物、净化水和空气方面的潜在应用而备受关注[118]。为了研究这4种配合物作为光催化剂的效率，通过在可见光照射下（波长 >400 nm）

对亚甲基蓝（MB）的降解来评价所制备样品的光催化活性。实验结果显示（图 2.19），在不添加光催化剂时，仅是光照，MB 是很难被降解的，这也证实了 MB 在常温光照下是很稳定的。我们将所合成的 4 种光催化剂（50 mg）分别和 100 mL 的 MB（0.5 mg/L）溶液在黑暗中搅拌约 40 min，确保催化剂达到吸附—脱附平衡。之后每 30 min 取出澄清溶液，选择 MB 的特征吸收（约 665 nm）作为光催化降解过程的监测指标。MB 的浓度与反应时间的关系如图 2.19（a）所示，降解效率定义为 C/C_0，其中 C 和 C_0 分别表示 MB 的残留浓度和初始浓度。此外，在 500 ~ 800 nm，MB 与 4 种光催化剂发生光降解反应后在水溶液中的典型紫外—可见吸收光谱如图 2.20 所示。在 210 min 的可见光照射下，不含光催化剂和配合物 1 ~ 4 为光催化剂的 MB 降解率分别为 5.2%、91.4%、80.0%、69.1% 和 64.2%［图 2.19（b）］。结果表明，几种催化剂的催化活性顺序为：1>2>3>4，显然，配合物 1 是光催化降解 MB 的理想选择。通过比较，导致光催化活性的差异一方面可能是由于它们的结构不同所致，另一方面由于配合物 1 具有良好的吸附性能，其中 Zn^{2+} 也具有良好的导电性，可使其成为快速转移光生电子的介质，有效地提高光生电子—空穴对的分离能力，有利于改善整体的光催化活性。

此外，还进一步研究了使用光催化剂对 MB 溶液的光催化降解动力学行为，在 Langmuir-Hinshelwood 动力学方程的基础上，用 Langmuir-Hinshelwood 模型描述 MB 溶液的光催化降解反应动力学[119]。通过拟合结果，4 种光催化剂对 MB

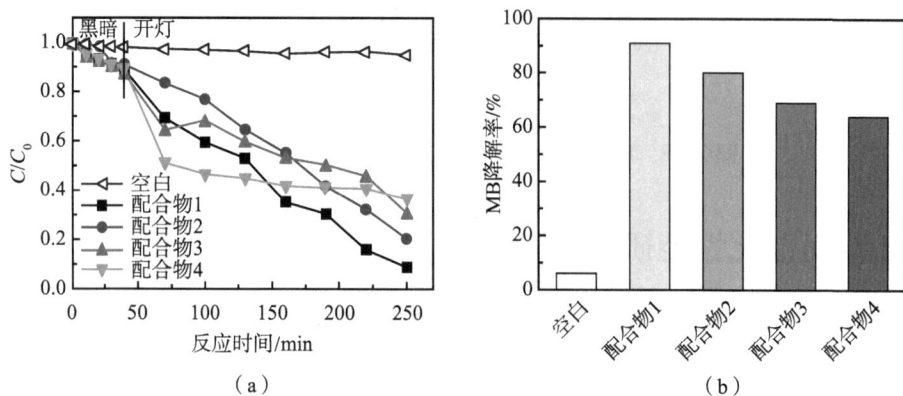

（a）

（b）

图 2.19 （a）配合物 1~4 在可见光照射下对 MB 的光催化降解速率图；（b）MB 降解率

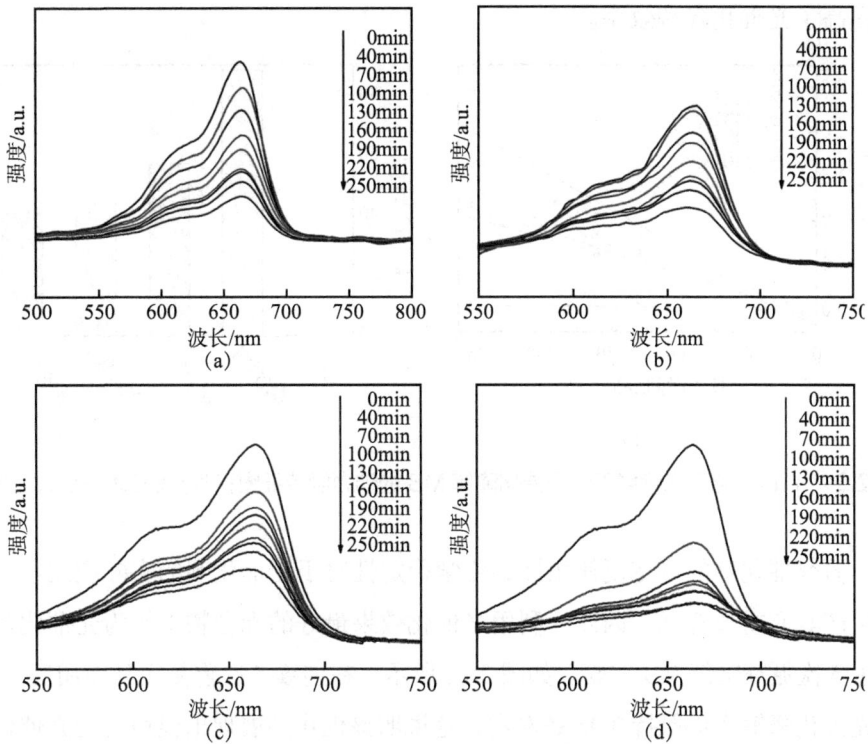

图 2.20 在可见光照射下 MB 分别与配合物 1~4 发生光降解反应后紫外—可见吸收光谱图

分子的光催化降解符合一级反应动力学方程，方程式如下。

$$\ln (C_0/C) = k_{app} \cdot t \tag{2.3}$$

式（2.3）中 C 是光催化反应 t 时刻 MB 溶液中残留的有机染料浓度，C_0 是 $t=0$ 时刻 MB 溶液的初始浓度，k_{app} 为降解反应速率常数（min^{-1}）。如图 2.21（a）所示，不同配合物光催化降解 MB 的过程中 $\ln (C_0/C)$ 与反应时间 t 呈较好的线性关系，表明 MB 溶液光催化降解符合准一级反应动力学模型[120]。如图 2.21（b）所示，在光催化降解 MB 的实验中，未加光催化剂的反应速率常数 $k=1.6 \times 10^{-4}$ min^{-1}，然而加入光催化剂配合物 1~4 的反应速率常数 k 分别为 8.84×10^{-3} min^{-1}、5.72×10^{-3} min^{-1}、4.46×10^{-3} min^{-1} 和 4.13×10^{-3} min^{-1}，为原始的 30~50 倍，表现出良好的光催化效果。同时，根据实验数据与拟合的最小二乘曲线可知，拟合相关系数 R^2 值分别为 0.9188、0.9149、0.9442、0.8378 和 0.8077。通过以上计算结果比较，光催化剂的加入为有机物提供吸附位点，从而提高了光催化降解效率。

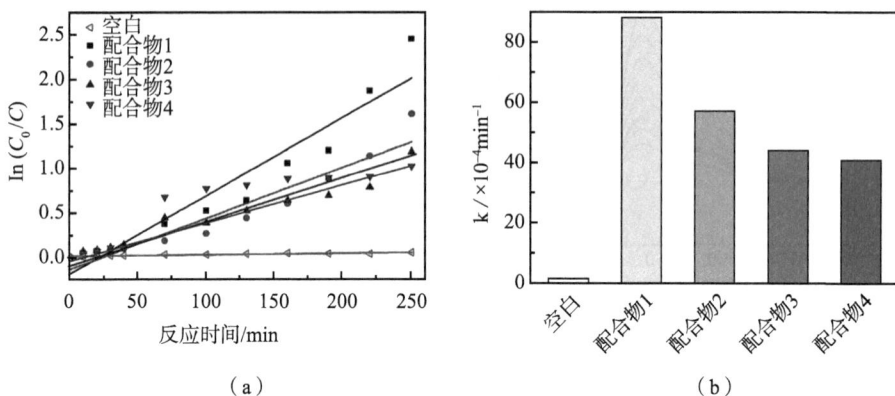

（a）

（b）

图 2.21 （a）在可见光照射下，光催化降解 MB 的动力学特征图;（b）反应速率常数柱状图

研究催化剂的可重复使用性和化学稳定性对于光催化剂的实际应用和工业化生产具有重要意义。因此，利用光催化效果最好的配合物 1 作为光催化剂进行了 5 次循环降解 MB 实验。如图 2.22 所示，在连续 5 次重复循环使用后，MB 的光催化降解率仍保持在 80% 左右，这说明该催化剂展现出很稳定的光催化活性。为了进一步证明光催化剂的可重复使用性和稳定性，在光催化反应前后用 PXRD 对其进行了表征（图 2.11）。经过光催化反应后，其特征衍射峰位和强度没有明显变化，说明此类催化剂具有良好的可回收性和稳定性。

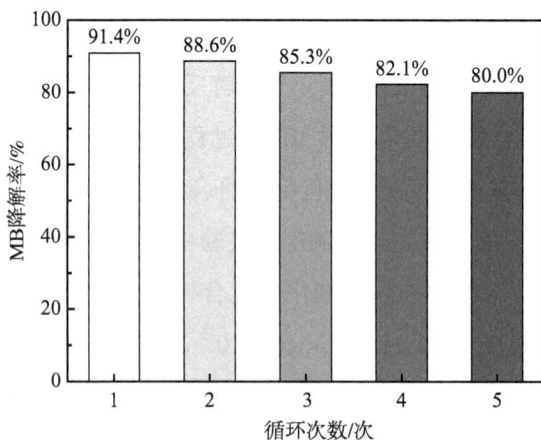

图 2.22 可见光下配合物 1 降解 MB 的循环实验

此外，为了更好地研究光催化活性，我们考察了配合物1对其他有机染料的降解性能，如甲基橙（MO）、结晶紫（CV）、罗丹明B（Rh B）和刚果红（CR），从图2.23（a）可以看出，在210 min的可见光照射下，大约有61.3%的CV、0.03%的MO、9.8%的CR和28.1%的Rh B被分解，结果比较表明，配合物1在可见光照射下对MB的分解更为有效。通过准一级反应动力学的拟合结果，用制备的光催化剂1降解不同有机染料的反应速率常数顺序分别为CV（4.22×10^{-3} min^{-1}）> Rh B（1.26×10^{-3} min^{-1}）> CR（2.76×10^{-4} min^{-1}）> MO（2.62×10^{-5} min^{-1}）[图2.23（b）]。相比之下，配合物1对MB的光催化活性最好，而对其他染料的降解活性不是很明显。因此，配合物1作为光催化剂对MB的降解具有良好的选择性。

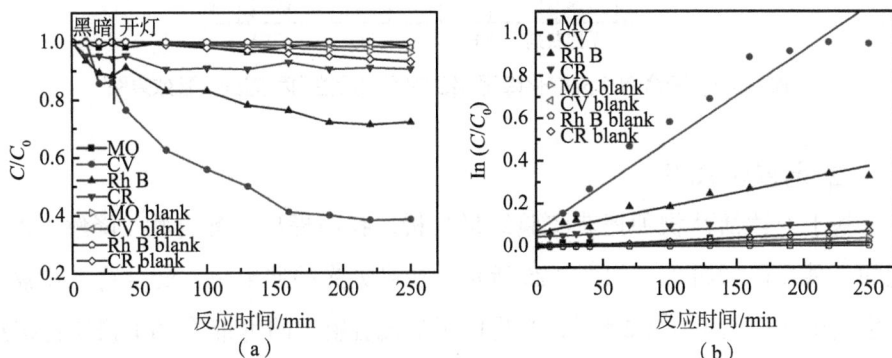

图2.23 （a）配合物1在可见光照射下对MO、CV、CR和Rh B的光催化降解速率图；
（b）在可见光照射下，光催化降解MO、CV、CR和Rh B的动力学特征图

2.3.8 光催化机理分析

2.3.8.1 活性物种捕获实验

为了进一步研究配合物1光催化降解MB的机理，我们考察了不同活性物种捕获剂对配合物1在可见光下催化降解MB的影响。如图2.24所示，对于配合物1（降解率为91.4%），当反应液中加入TEOA（h$^+$捕收剂）后，MB的光催化降解率显著降低（降解率为26.4%）；而当反应液中加入BQ（·O$_2^-$捕收剂）后，MB的光催化降解率也显著下降（降解率为20.6%），说明h$^+$和·O$_2^-$是光催化过程中的主要活性物种。此外，当反应液中加入IPA（·OH捕收剂）时，

MB 的光催化降解率仅略有下降（降解率为 84.3%），说明·OH 对 MB 的降解影响并不是很大。根据以上结果分析，h^+ 和·O_2^- 是降解 MB 的主要活性物种。通过 TEOA、BQ 和 IPA 对降解率的影响程度，我们可以判断出在 MB 光降解过程中活化物种的影响顺序为·O_2^->h^+>·OH。

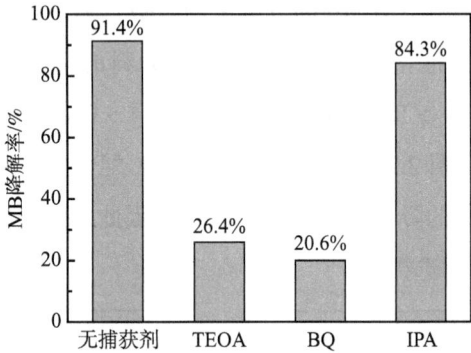

图 2.24　配合物 1 光催化降解 MB 的不同活性物种捕获实验效果图

2.3.8.2　光催化机理

基于上述活性物种捕获实验结果分析，我们提出了配合物 1 降解 MB 可能的光催化降解机理，如图 2.25 所示。在可见光的照射下，配合物 1 被激发产生电子和空穴［式（2.4）］，光生电子从配合物 1 的价带（VB）快速转移到配合物 1 的导带（CB）。配合物 1 的 E_{CB} 值比 O_2/·O_2^-（–0.046 eV）更负。因此，光生电子与其表面的 O_2 反应生成活性物种·O_2^-［式（2.5）］，然后它将与 MB 反应而被降解［式（2.6）］。这一过程延长了光生电子的寿命，降低了光催化剂本身光生电子—空穴对的重组概率，促进了整个光催化体系的电荷分离。此外，配合物 1 的 E_{VB} 值低于·OH/OH⁻（+1.99 eV）的标准氧化还原电位，留在配合物 1 价带上的光生空穴（h^+）不能与 H_2O 或 OH⁻ 以产生活性氧化物质·OH，因此配合物 1 价带上的 h^+ 作为一种非常好的活性物种直接分解 MB［式（2.7）］。最后，在可见光照射下，MB 光催化降解的主要途径如下。

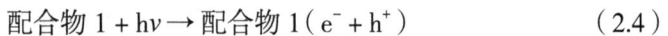

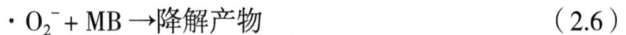

$$配合物\ 1 + h\nu \rightarrow 配合物\ 1(e^- + h^+) \tag{2.4}$$

$$O_2 + e^- \rightarrow \cdot O_2^- \tag{2.5}$$

$$\cdot O_2^- + MB \rightarrow 降解产物 \tag{2.6}$$

$$h^+ + MB \rightarrow 降解产物 \tag{2.7}$$

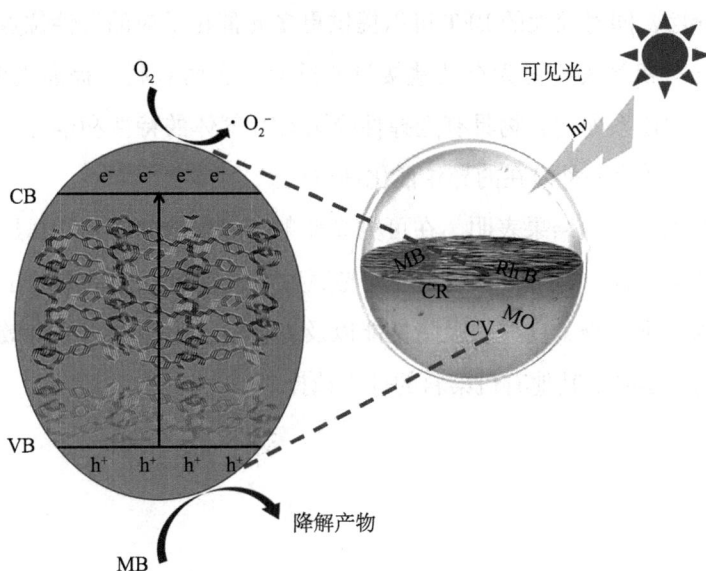

图2.25　配合物1光催化降解MB的可能性机理示意图

2.4　本章小结

本章利用水热法成功制备了4种基于H_4L配体的新型MOFs材料。

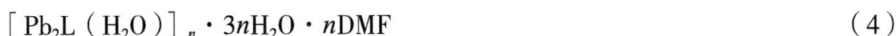

$[Zn_2L]_n$ （1）

$[Mn(H_2L)(H_2O)]_n$ （2）

$[Cd(H_2L)(H_2O)_2]_n \cdot nH_2O$ （3）

$[Pb_2L(H_2O)]_n \cdot 3nH_2O \cdot nDMF$ （4）

通过X射线单晶衍射对其晶体结构进行测定，用PXRD、FT-IR、UV-vis DRS等技术对合成的样品形貌、结构、光学性质进行了一系列研究。以MB为目标降解物，研究其光催化性能。其研究结果如下。

（1）通过X射线单晶衍射分析显示上述4种配合物具有二维层状结构和三维超分子结构，并且孔道排布规则。随着金属和配体配位方式的改变，配合物从二维层状结构转变为三维超分子骨架结构，并且光催化活性也随之改变。结构差异表明不同金属和配体的配位方式在配位聚合物的构建中起着重要的作用。

（2）通过 BET 测试结果可知，高比表面积的配合物 1 将有着高于其他配合物的吸附活性，同时较大的 BET 可以提供更多光催化反应的活性位点，将促进光催化剂与有机污染物更为有效地接触并反应，进而有利于提高光催化性能。同时，构筑的该系列配合物具有选择性吸附 CO_2 气体的特性和丰富的路易斯酸位点，它可以作为一种潜在的异相催化剂材料。

（3）光催化实验结果表明，在可见光照射下，配合物 1 对 MB 显示出良好的光催化降解性能，在 210 min 的可见光照射下，其 MB 的降解率可达 91.4%。这主要是因为配合物 1 良好的吸附性能以及光生电子—空穴对的有效分离，同时该配合物也是降解其他有机染料的理想选择。

第 3 章

基于 2-（2 或 3- 羧基苯基）咪唑并［4，5-f］［1，10］邻菲啰啉配体构筑配合物的结构及其荧光传感性能研究

3.1 引言

在过去的十几年里，对功能材料的合理设计和合成上投入了相当大的努力。在自组装过程中，实验条件无疑对晶体的生长有着重要的影响，如反应温度、反应时间、原料浓度等。更重要的是，MOFs 组分的合理选择是决定框架结构特征和内在功能的重要因素[121]。众所周知，MOFs 材料具有显著的结构和成分多样性，这一独特的性质赋予了 MOFs 的功能化，甚至允许多个功能集成到一个系统中，这一点近年来引起了人们的广泛关注[122]。例如，孙道峰等人发表了一种多功能铕金属氧化物，它不仅可以作为依赖 pH 值的荧光传感器，而且还可以用于罗丹明 B 的高效吸附 / 降解[123]。在相关研究中，利用混合配体是一种构建多功能 MOFs 很有前途和便利的方法，由于引入多个有机配体可以极大地丰富材料的结构和功能[124]。迄今为止，荧光 MOFs 广泛应用于有机污染物的传感，在高灵敏度检测和选择性方面具有显著的优势[125]。为优化 MOFs 材料的发光性能，其金属组分可采用具有 d^{10} 过渡金属阳离子［如 Zn（Ⅱ）、Cd（Ⅱ）、Cu（Ⅰ）和 Ag（Ⅰ）］或镧系离子［如 Eu（Ⅱ）、Tb（Ⅱ）］在一定条件下能够导致荧光效应；另外，具有芳香性或共轭 π 电子的有机配体受到激发时，也会导致光致发光[126, 127]。因此，这些优异的光学特性与 MOFs 的多种

结构和拓扑相结合，将为化学传感提供一个有效的平台。

Fe^{3+} 对于人类或其他生物来说是十分丰富的过渡元素，因为它们在基本和必要的生物过程和系统中具有重要意义[128, 129]。如果 Fe^{3+} 低于或超过正常允许限度，则可能导致严重的系统紊乱。细胞的损伤可能进一步导致多种疾病，如癌症、帕金森病和阿尔茨海默病。此外，Fe^{3+} 也是一种常见的无机污染物，过量的 Fe^{3+} 可以导致许多与人类健康相关的疾病[130]。因此，对 Fe^{3+} 的选择性检测在生物学研究中是非常必要的，开发 Fe^{3+} 对其他金属离子的选择性检测或传感对人类健康似乎非常重要。事实上，已经有许多研究报道了 Fe^{3+} 的传感，但目前只有少数几种对 Fe^{3+} 有选择性的发光传感器，在不受其他混合金属离子干扰的情况下，通过发光猝灭仍然是一个挑战[131]。

众所周知，硝基芳烃和硝基烷烃作为炸药，严重威胁着国家安全和人身安全。因此，爆炸物的检测已成为犯罪现场勘查和反恐应用中亟待解决的问题。尽管人们已经探索了许多探测爆炸物的技术，但是因其成本高、不易携带和设备要求高而受到限制[132]。基于荧光材料化学检测的荧光猝灭技术具有灵敏度高、简单、响应时间短等优点，被证明是快速检测爆炸物的一种很好的方法[133, 134]。在众多的荧光材料中，发光金属配合物已经成为用于检测溶液或固相中的各种爆炸物的化学传感器[135-138]。硝基苯是一种简单的含硝基化合物，是硝基芳香族炸药中的基本组分，也是一种臭名昭著的环境污染物，导致严重的健康问题[139-141]。因此，考虑到环境问题和安全问题，研究一种有效检测硝基苯的方法并且可循环使用的荧光探针是一个非常迫切的问题。

本章中，通过在水热条件下以混合 N、O 配体和羧酸配体与金属离子 Cu^{2+}、Pb^{2+} 和 Cd^{2+} 结合，合成出了 3 个配位聚合物（图 3.1）。它们的分子式分别为 $[Cu_2(2\text{-}NCP)_2(H_2N\text{-}bpdc)]_n$（5）、$[Pb_2(2\text{-}NCP)_2(H_2N\text{-}bpdc)]_n$（6）和 $[Cd(3\text{-}NCP)_2]_n$（7）。2-HNCP=2-（2-carboxyphenyl）imidazo（4, 5-f）-（1, 10）phenanthroline，3-HNCP=2-（3-carboxyphenyl）imidazo（4, 5-f）-（1, 10）phenanthroline，$H_2N\text{-}H_2bpdc$=2-amino- 4, 4'-biphenyldicarboxylic acid。采用 X 射线单晶衍射仪对其晶体结构进行测定，用 ICP、FT-IR、PXRD 等分析技术对合成的样品进行表征，探究了与具有 d^{10} 结构的过渡金属 Cd^{2+} 构筑的新型荧光配合物对硝基芳香族化

合物和金属离子的荧光检测性能。此外，基于荧光检测实验提出可能的猝灭机制。

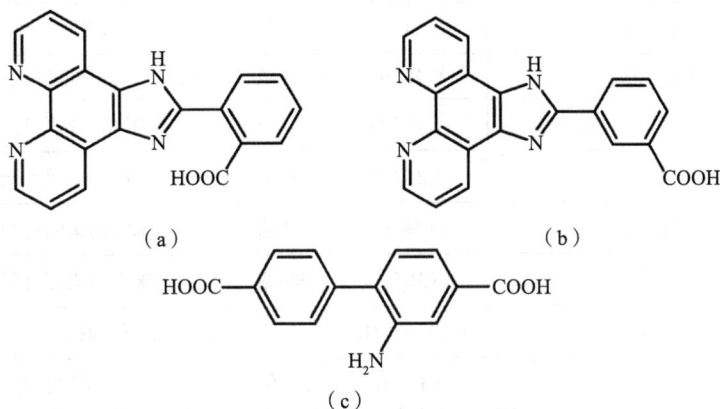

图 3.1　（a）配体 2-HNCP 结构图；（b）配体 3-HNCP 结构图；（c）配体 H$_2$N-H$_2$bpdc 结构图

3.2　实验部分

3.2.1　试剂与仪器

本章实验中，原料和试剂一览表如表 3.1 所示，药品在使用前均未进一步纯化。实验过程中所使用的水均为去离子水。

表 3.1　原料和试剂一览表

试剂	分子式	级别	生产厂家
2-（2- 羧基苯基）-1H- 咪唑并［4, 5-f］［1, 10］邻菲啰啉	$C_{20}H_{14}N_4O_2$	AR 级	济南恒化科技有限公司
2-（3- 羧基苯基）-1H- 咪唑并［4, 5-f］［1, 10］邻菲啰啉	$C_{20}H_{14}N_4O_2$	AR 级	济南恒化科技有限公司
2- 氨基 -4, 4'- 联苯二甲酸	$C_{14}H_{11}NO_4$	AR 级	济南恒化科技有限公司
氯化铜	$CuCl_2$	AR 级	福晨（天津）化学试剂有限公司
硝酸铅	$Pb（NO_3）_2$	AR 级	福晨（天津）化学试剂有限公司
硝酸镉	$Cd（NO_3）_2 \cdot 4H_2O$	AR 级	福晨（天津）化学试剂有限公司

试剂	分子式	级别	生产厂家
氢氧化钠	NaOH	AR 级	天津大茂化学试剂厂
无水乙醇	C_2H_5OH	AR 级	天津市天力化学试剂有限公司
N,N-二甲基甲酰胺	C_3H_7NO	AR 级	中国医药集团有限公司
N,N-二甲基乙酰胺	C_4H_9NO	AR 级	中国医药集团有限公司
三氯甲烷	$CHCl_3$	AR 级	中国医药集团有限公司
二氯甲烷	CH_2Cl_2	AR 级	中国医药集团有限公司
丙酮	CH_3COCH_3	AR 级	北京百灵威科技有限公司
甲醇	CH_3OH	AR 级	北京百灵威科技有限公司
乙腈	CH_3CN	AR 级	北京百灵威科技有限公司
二甲基亚砜（DMSO）	C_2H_6OS	AR 级	北京百灵威科技有限公司
硝基苯（NB）	$C_6H_3N_3O_6$	AR 级	北京百灵威科技有限公司

实验中所使用的仪器设备与表 2.2 中所列出的清单基本一致。

3.2.2 配合物 ［Cu_2（2-NCP）$_2$（H_2N-bpdc）］$_n$（5）的合成

称取 $CuCl_2$（0.0170 g，0.10 mmol）、2-HNCP（0.0170 g，0.05 mmol）和 NH_2-bpdc（0.0128 g，0.05 mmol）放入烧杯中，向其中加入 6 mL DMF 和 6 mL 去离子水，将反应混合物倒入 25 mL 透明玻璃瓶中，于 85℃的烘箱内静置 3 天后取出，逐渐冷却至室温。将产物进行过滤和蒸馏水洗涤，并在室温下干燥，得到绿色块状晶体（$C_{54}H_{30}N_9O_8Cu_2$）（Mr =1059.95）。产率：86.1%（以 $CuCl_2$ 为基准）。元素分析值（%）：C，61.48；H，2.87；N，11.95；Cu，12.05。理论值（%）：C，61.52；H，2.96；N，11.91；Cu，12.10。IR ［KBr 压片，ν（cm^{-1}），图 3.2（a）］：3426（s），3224（w），3056（w），1676（m），1574（m），147336（w），1380（s），1185（w），1084（s），824（w），787（m），731（m），649（w），584（w），435（w）。

3.2.3 配合物［Pb_2（2-NCP）$_2$（H_2N-bpdc）］$_n$（6）的合成

称取 Pb（NO_3）$_2$（0.0331 g，0.10 mmol）、2-HNCP（0.0170 g，0.05 mmol）和 NH_2-bpdc（0.0128 g，0.05 mmol）放入烧杯中，向其中加入6 mL DMF 和6 mL 去离子水，将反应混合物倒入25 mL 透明玻璃瓶中，于85℃的烘箱内静置3天后取出，逐渐冷却至室温。将产物进行过滤和蒸馏水洗涤，并在室温下干燥，得到黄色块状晶体（$C_{54}H_{30}N_{0.90}O_{18.50}Pb_2$）（Mr=1401.77）。产率：85.4%［以 Pb（NO_3）$_2$ 为基准］。元素分析值（%）：C，46.27；H，2.16；N，0.90；Pb，29.56。理论值（%）：C，46.15；H，2.32；N，0.87；Pb，28.95。IR［KBr 压片，ν（cm^{-1}），图3.2（b）］：3352（w），3065（w），1667（m），1537（s），1427（s），1371（s），1241（w），1075（s），1038（w），963（w），815（w），731（s），649（w），491（w），454（w）。

3.2.4 配合物［Cd（3-NCP）$_2$］$_n$（7）的合成

称取 Cd（NO_3）$_2$·$4H_2O$（0.0308 g，0.1 mmol）、3-HNCP（0.0085 g，0.025 mmol）放入烧杯中，向其中加入10 mL 去离子水混合搅拌10 min，然后加入 NaOH 溶液（1 mol/L），将溶液 pH 值调节到5，最后将混合液转移到25 mL 的聚四氟乙烯反应釜中，在170℃烘箱内加热3天后取出，逐渐冷却至室温。将产物进行过滤和蒸馏水洗涤，并在室温下干燥，最后得到黄色块状晶体（$C_{40}H_{22}N_8O_4Cd$）（Mr=791.07）。产率：82.6%［以 Cd（NO_3）$_2$·$4H_2O$ 为基准］。元素分析值（%）：C，60.73；H，2.80；N，14.17；Cd，14.21。理论值（%）：C，60.57；H，2.83；N，14.23；Cd，14.86。IR［KBr 压片，ν（cm^{-1}），图3.2（c）］：3417（w），3056（w），2926（w），1555（s），1509（w），1427（w），1361（s），1194（w），1075（m），973（s），852（s），805（m），722（m）。

3.2.5 表征方法

配合物5~7的 X 射线单晶衍射（CCD）表征在 Bruker SMART Apex II 衍射仪上进行的，数据还原和结构解析工作在 SAINT-5.0 和 SHELXTL-2014[101] 程

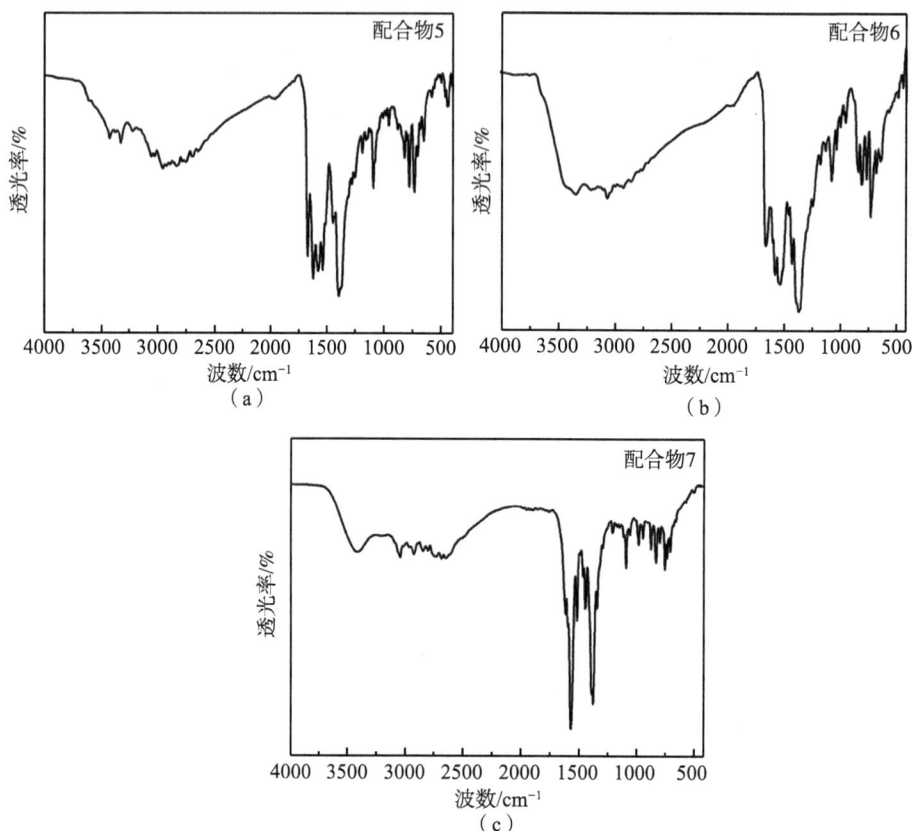

图 3.2 （a）$[Cu_2(2\text{-}NCP)_2(H_2N\text{-}bpdc)]_n$、（b）$[Pb_2(2\text{-}NCP)_2(H_2N\text{-}bpdc)]_n$ 和（c）$[Cd(3\text{-}NCP)_2]_n$ 的 FT-IR 谱图

序下分别运行，由 SADABS 程序完成吸收校正。C、H 和 N 元素分析在 Perkin-Elmer 2400 型元素分析仪上完成。通过傅里叶红外光谱（FT-IR）Nicolet iS50 型对样品中的化学键和化学基团进行分析测定，把样品与光谱纯 KBr 混合压片，测量范围为 $400 \sim 4000$ cm^{-1}。采用德国耐驰（Netzsch）公司的 STA 449F3 型同步热分析仪研究分析物质的热稳定性，氮气气氛下，以 10 ℃/min 的加热速率从室温一直升高温度至 800 ℃。通过 TGA 结果，可以判断骨架稳定性和溶剂分子等方面的信息。配合物 5 ~ 7 的荧光光谱是在日本日立（Hitachi）公司 F4600 型荧光光谱仪上完成了全部样品的测定，用以分析样品的光生电子和空穴的复合率。通过日本电子株式公社（JEOL）公司的 PC2500 型 X 射线粉末衍射（PXRD）对所制备的粉末样品进行晶相和纯度的测定，Cu K_α 为辐射源

（$\lambda=0.15406$ nm），扫描范围为 $5°\sim50°$。采用日本岛津公司 UV-3600 型紫外—可见漫反射光谱（UV-vis DRS）表征所合成材料的光学吸收性能，以 $BaSO_4$ 粉末作为参比，扫描范围为 $200\sim800$ nm。

3.2.6 荧光检测实验

将研磨均匀的粉末样品 5 mg 分散于 3 mL 不同的有机溶剂中浸泡 12 h，然后用超声处理 30 min，静置形成稳定的悬浊液，测定该悬浊液的荧光性质。使用的有机溶剂分别为 N,N-二甲基甲酰胺（DMF）、N,N-二甲基乙酰胺（DMA）、乙醇（EtOH）、三氯甲烷（$CHCl_3$）、甲醇（MeOH）、H_2O、乙腈（CH_3CN）、二氯甲烷（CH_2Cl_2）、丙酮、二甲基亚砜（DMSO）和硝基苯（NB）。对于金属离子的荧光传感实验，我们将不同种类的金属离子配制成浓度为 10^{-3} mol/L 的溶液，滴入不同浓度的该溶液至以上悬浊液中，观察荧光变化。

3.3 结果与讨论

3.3.1 晶体结构的测定与晶体学数据

选择晶体大小分别为 0.25 mm × 0.18 mm × 0.12 mm（配合物 5）、0.38 mm × 0.25 mm × 0.22 mm（配合物 6）和 0.24 mm × 0.19 mm × 0.14 mm（配合物 7）的单晶，在 Bruker SMART Apex Ⅱ 衍射仪上室温条件下用 Mo K_α（$\lambda=0.71073$ Å）射线进行衍射数据收集。采用 Lp 因子校正衍射强度数据，直接法全矩阵解出晶体结构，配合物 5~7 的晶体学参数如表 3.2 所示。

表 3.2　配合物 5~7 的晶体学参数

配合物	5	6	7
分子式	$C_{54}H_{30}N_9O_8Cu_2$	$C_{54}H_{30}N_{0.90}O_{18.50}Pb_2$	$C_{40}H_{22}N_8O_4Cd$
相对分子量	1059.95	1401.77	791.07
晶系	单斜	单斜	单斜
空间群	$P\,21/n$	$C\,2/c$	$C\,2/c$

配合物	5	6	7
$a/\text{Å}$	11.0915（12）	9.7379（8）	17.453（2）
$b/\text{Å}$	16.4542（18）	24.181（2）	8.8306（12）
$c/\text{Å}$	14.8901（16）	27.463（2）	20.361（3）
$\alpha/(°)$	90	90	90
$\beta/(°)$	105.407（2）	94.054（2）	97.344（2）
$\gamma/(°)$	90	90	90
$V/\text{Å}^3$	2619.8（5）	6450.5（9）	3112.3（7）
Z	2	4	4
$D_{calc}/\text{mg}\cdot\text{m}^{-3}$	1.337	1.443	1.688
参数	361	334	240
基于 F_2 的 GOF 值	1.052	0.990	1.072
$\Delta(\rho)(\text{e.Å}^{-3})$	1.466 和 −0.369	1.115 和 −0.889	0.961 和 −0.665
晶体尺寸 /mm^3	0.25 × 0.18 × 0.12	0.38 × 0.25 × 0.22	0.24 × 0.19 × 0.14
$F(000)$	1068	2689	1592
R_1（全部数据）	0.0909	0.0612	0.0436
ωR_2（全部数据）	0.1821	0.0938	0.0946
衍射点收集	5356	16125	8283
数据收集的 θ 角范围/(°)	1.88~26.42	1.684~24.999	2.02~26.06

注：$R_1 = \Sigma(|F_o| - |F_c|)/\Sigma|F_o|$；$\omega R_2 = [\Sigma w(|F_o| - |F_c|)^2/\Sigma w F_o^2]^{1/2}$；$[F_o > 4\sigma(F_o)]$。

3.3.2 X 射线单晶结构分析

配合物 5~7 的部分键长和键角分别列于表 3.3 至表 3.5 中。

表 3.3　配合物 5 的部分键长和键角

键长 /Å			
Cu-O（1）[#2]	1.949（3）	Cu-O（2）[#4]	2.181（3）

续表

键角 / (°)					
O（3）-Cu-O（1）#2	94.85（11）	O（3）-Cu-N（3）	163.93（13）	O（1）#2-Cu-N（3）	89.58（12）
O（3）-Cu-N（4）	90.60（13）	O（1）#2-Cu-N（4）	162.10（13）	N（3）-Cu-N（4）	80.84（13）
O（3）-Cu-O（2）#4	103.06（12）	O（1）#2-Cu-O（2）#4	109.64（12）	N（3）-Cu-O（2）#4	89.89（11）

对称代码：#2 −x+1, −y, −z；#4 x−1, y, z。

表 3.4 配合物 6 的部分键长和键角

键长 /Å			
Pb-N（2）#2	2.571（5）	Pb-N（1）#2	2.602（5）
键角 / (°)			
O（3）-Pb-O（1）	73.67（15）	O（3）-Pb-N（2）#2	79.94（14）
O（3）-Pb-N（1）#2	77.92（15）	O（1）-Pb-N（1）#2	134.32（14）

键角 / (°)		
O（1）-Pb-N（2）#2	76.90（15）
N（2）#2-Pb-N（1）#2	63.34（15）

对称代码：#2 −x+2, −y, −z+1。

表 3.5 配合物 7 的部分键长和键角

键长 /Å			
Cd-O（1）#1	2.262（2）	Cd-O（1）#2	2.262（2）
Cd-N（1）#3	2.365（3）	Cd-N（2）#3	2.410（2）

键角 / (°)					
O（1）#1-Cd-O（1）#2	104.57（13）	O（1）#1-Cd-N（1）	87.79（10）	O（1）#2-Cd-N（1）	153.88（9）
O（1）#1-Cd-N（1）#3	153.88（9）	O（1）#2-Cd-N（1）#3	87.79（10）	N（1）-Cd-N（1）#3	90.78（15）
O（1）#1-Cd-N（2）	113.81（8）	O（1）#2-Cd-N（2）	84.21（8）	N（1）-Cd-N（2）	69.70（9）
N（1）#3-Cd-N（2）	89.95（9）	O（1）#1-Cd-N（2）#3	84.21（8）	O（1）#2-Cd-N（2）#3	113.81（8）
N（1）-Cd-N（2）#3	89.95（9）	N（1）#3-Cd-N（2）#3	69.70（9）	N（2）-Cd-N（2）#3	151.32（13）

对称代码：#1 −x+3/2, −y+1/2, −z+1；#2 x+1/2, −y+1/2, z+1/2；#3 −x+2, y, −z+3/2。

3.3.2.1 配合物 5 的晶体结构分析

单晶结构分析表明：配合物 5 隶属于单斜晶系，$P2_1/n$ 空间群。它的不对称结构单元中包括 1 个晶体独立的 Cu（Ⅱ）离子、1 个 2-NCP$^-$ 配体和半个 H$_2$N-bpdc^{2-} 配体。Cu（Ⅱ）离子的配位模式如图 3.3 所示，金属中心 Cu（Ⅱ）离子采取了五配位、三角双锥的模式，其中 2 个氮原子［N（3）和 N（4）］来自 2-NCP$^-$ 配体，2 个氧原子［O（1）$^{\#2}$ 和 O（2）$^{\#4}$，对称代码：#2 $-x+1$, $-y$, $-z$；#4 $x-1$, y, z］分别来自 2 个不同 2-NCP$^-$ 配体的羧基基团，另外 1 个氧原子［O（3）］来自 1 个单齿桥连的 H$_2$N-bpdc^{2-} 配体的羧基基团。Cu-O 的平均键长为 1.949（3）～2.181（3）Å。在整个框架结构中，每个 2-NCP$^-$ 配体以单齿桥连和双齿螯合的模式连接 3 个中心金属 Cu（Ⅱ）离子，然而每个 H$_2$N-bpdc^{2-} 配体以单齿桥连的模式连接 2 个中心金属 Cu（Ⅱ）离子（图 3.4）。如图 3.5 所示，相邻的 Cu（Ⅱ）离子通过反平行的 2-NCP$^-$ 阴离子连接，形成矩形网状结构的一维双链；相邻的一维链通过完全去质子化的 H$_2$N-bpdc^{2-} 配体的羧

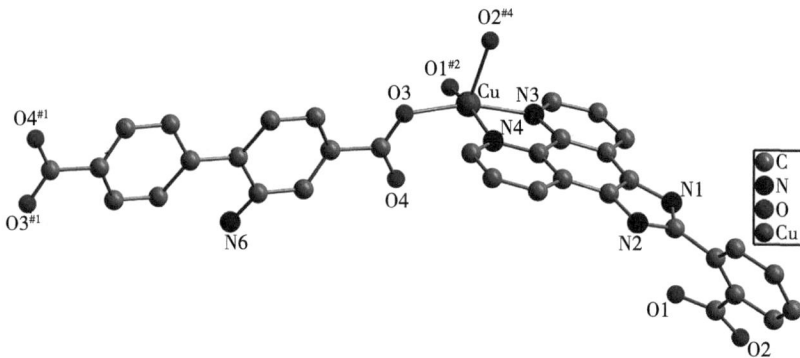

图 3.3　配合物 5 的中心金属配位图（为便于观察，氢原子未画出）
（对称代码：#1 $-x$, $-y$, $-z+1$；#2 $-x+1$, $-y$, $-z$；#4 $x-1$, y, z）

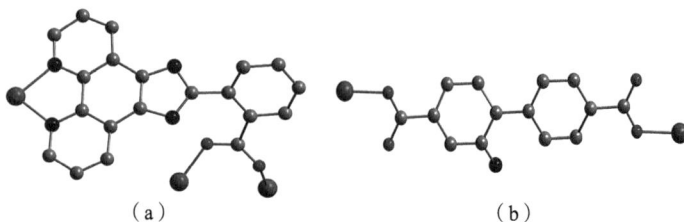

（a）　　　　　　　　　　　　　（b）

图 3.4　配合物 5 中（a）2-NCP$^-$ 和（b）H$_2$N-bpdc^{2-} 配体的配位模式图

基氧原子连接，形成一个无限的二维层状结构（图3.6）。此外，相邻的二维网络结构进一步通过 2-NCP⁻ 配体中羧基所连接的苯环碳原子与 $H_2N\text{-}bpdc^{2-}$ 配体之间的 C-H⋯π 相互作用（碳原子到苯环中心的距离约为 3.5232 Å）形成最终的三维超分子网络结构（图3.7）。

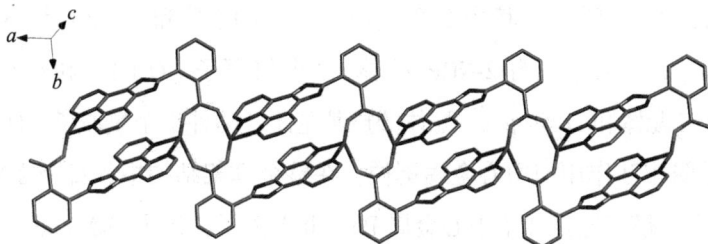

图3.5　配合物5的一维链状结构

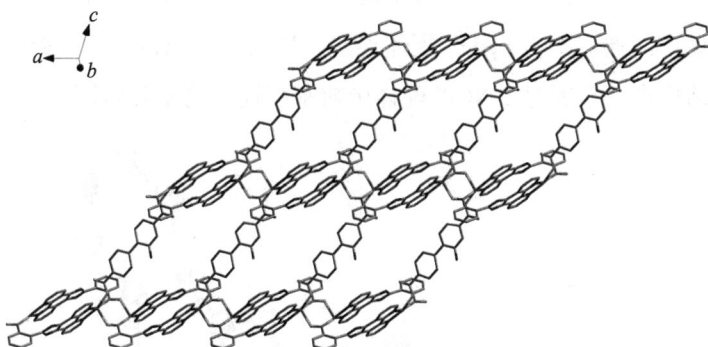

图3.6　配合物5的二维层状结构

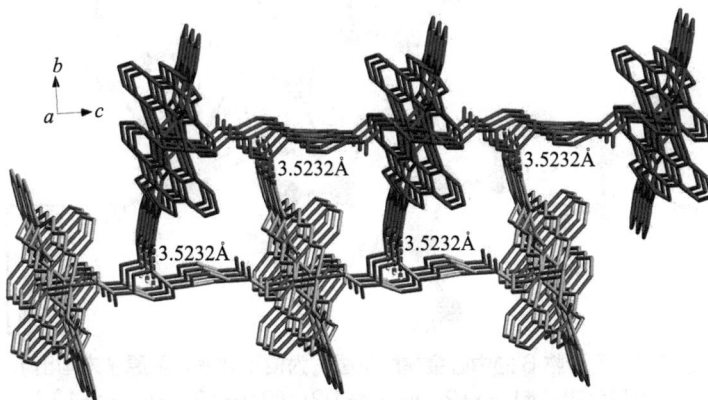

图3.7　配合物5的三维超分子结构

3.3.2.2 配合物 6 的晶体结构分析

单晶结构分析表明：配合物 6 隶属于单斜晶系，*C2/c* 空间群。它的不对称结构单元中包括 1 个晶体独立的 Pb（Ⅱ）离子、1 个 2-NCP⁻ 配体和半个 H₂N-bpdc²⁻ 配体。Pb（Ⅱ）离子的配位模式如图 3.8 所示，金属中心 Pb（Ⅱ）离子处于六配位的环境，其中 2 个氮原子 [N（1）$^{#2}$ 和 N（2）$^{#2}$，对称代码：#2 −x+2，−y，−z+1] 来自 2-NCP⁻ 配体，2 个氧原子 [O（1）和 O（3）] 分别来自 2-NCP⁻ 配体和 H₂N-bpdc²⁻ 配体的羧基基团，另外 2 个氧原子 [O（2）和 O（4）] 通过弱相互作用与中心金属配位。在整个框架结构中，每个 2-NCP⁻ 配体以双齿螯合的模式连接 2 个中心金属 Pb（Ⅱ）离子，每个 H₂N-bpdc²⁻ 配体也是以双齿螯合的模式连接 2 个中心金属 Pb（Ⅱ）离子（图 3.9）。如图 3.10 所示，每个 2-NCP⁻ 阴离子连接 2 个 Pb（Ⅱ）离子构成 1 个 [Pb（2-NCP）]₂ 二聚体单元，相邻的二聚体间通过 H₂N-bpdc²⁻ 配体连接，形成一维双链结构。此外，相邻的一维双链结构进一步通过 2-NCP⁻ 配体中羧基所连接的苯环碳原子与 H₂N-bpdc²⁻

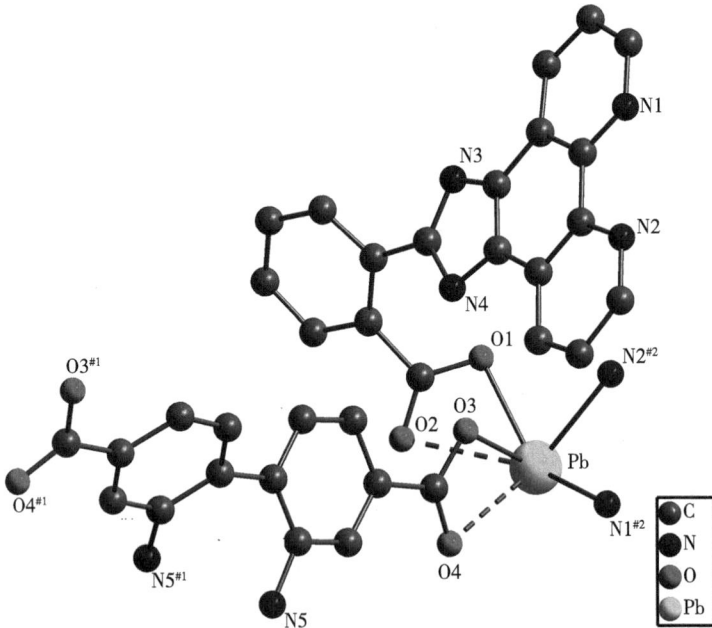

图 3.8　配合物 6 的中心金属配位图（为便于观察，氢原子未画出）
（对称代码：#1 −x+2，y，−z+1/2；#2 −x+2，−y，−z+1）

配体之间的 C-H⋯π 相互作用（碳原子到苯环中心的距离约为 3.491 Å）形成最终的二维层状结构（图 3.11）。

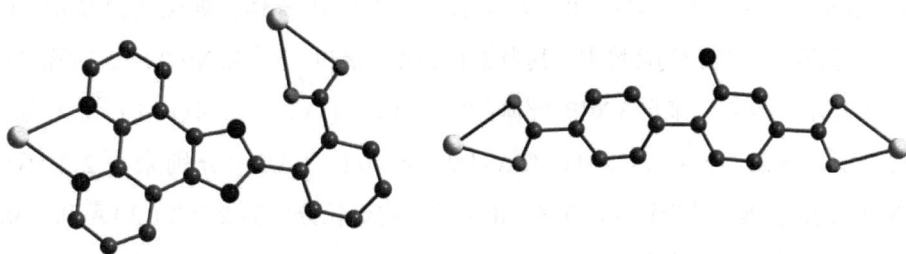

图 3.9　配合物 6 中 2-NCP$^-$ 和 H$_2$N-bpdc^{2-} 配体的配位模式图

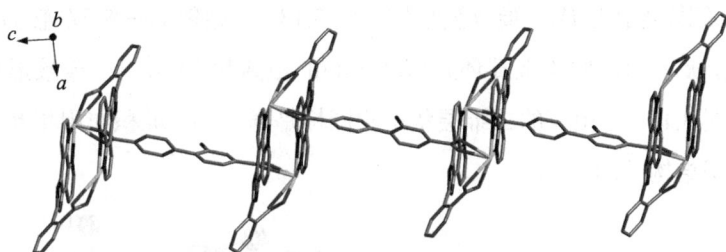

图 3.10　配合物 6 的一维链状结构

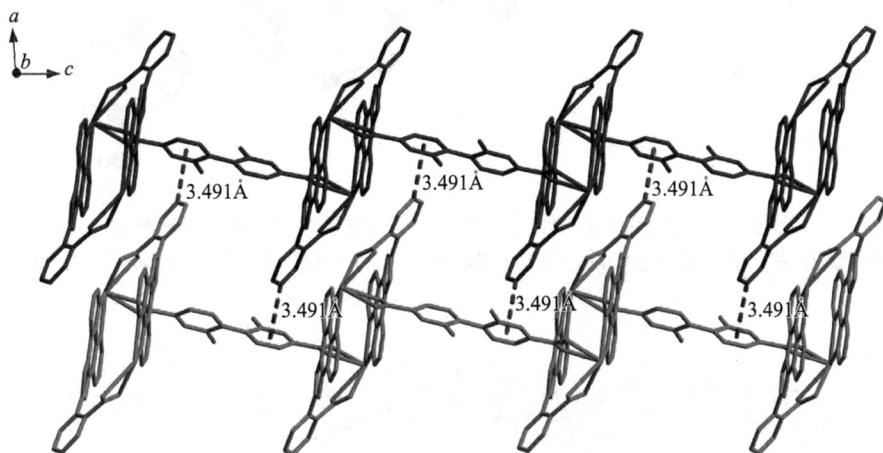

图 3.11　配合物 6 的二维层状结构

3.3.2.3 配合物 7 的晶体结构分析

单晶结构分析表明：配合物 7 隶属于单斜晶系，$C2/c$ 空间群。它的不对称结构单元中包括由半个 Cd（Ⅱ）离子和 1 个 3-NCP⁻ 配体。如图 3.12 所示，Cd（Ⅱ）离子处于六配位的环境中，其中 2 个氮原子［N（1）#3 和 N（2）#3，对称代码：#3 –x+2，y，–z+3/2］来自 3-NCP⁻ 配体，2 个氧原子［O（1）#1 和 O（1）#2，对称代码：#1 –x+3/2，–y+1/2，–z+1；#2 x+1/2，–y+1/2，z+1/2］分别来自 2 个不同 3-NCP⁻ 配体的羧基基团。Cd-O 和 Cd-N 的平均键长分别为 2.262（2）Å 和 2.388（2）Å。在整个框架结构中，每个 3-NCP⁻ 配体以双齿螯合连接模式连接 2 个中心金属 Cd（Ⅱ）离子。中心金属 Cd（Ⅱ）离子及其对称金属离子通过反平行的 3-NCP⁻ 配体连接形成一维双链结构（图 3.13）；相邻的一维双链通过 3-NCP⁻ 配体间的 π-π 堆积作用（吡啶环到苯环中心的距离为 3.947 Å）连接形成二维层状结构（图 3.14）；相邻的二维层状结构同样是通过 π-π 堆积作用相互连接形成三维超分子结构（图 3.15）。

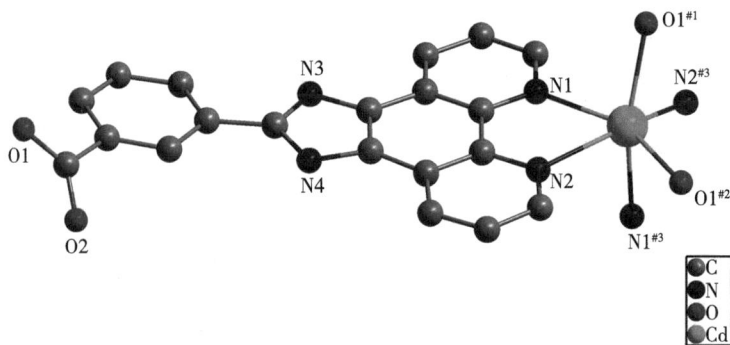

图 3.12　配合物 7 的中心金属配位图（为便于观察，氢原子未画出）
（对称代码：#1 –x+3/2，–y+1/2，–z+1；#2 x+1/2，–y+1/2，z+1/2；#3 –x+2，y，–z+3/2）

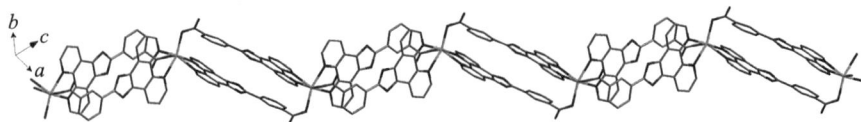

图 3.13　配合物 7 的一维双链结构

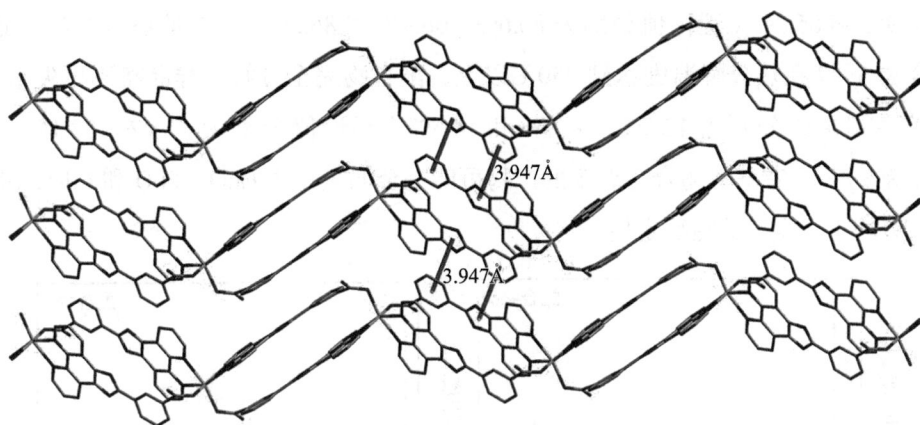

图 3.14　配合物 7 的二维层状结构

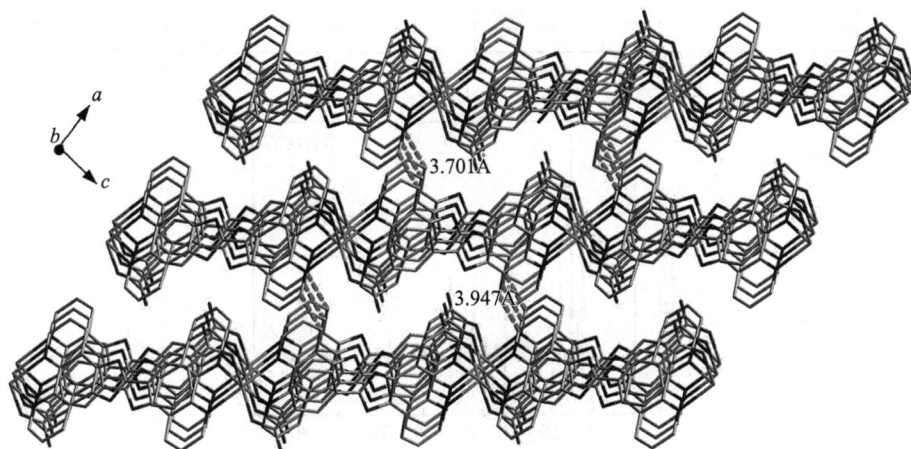

图 3.15　配合物 7 的三维超分子结构

3.3.3 配合物 5～7 的 X 射线粉末衍射和热重分析

如图 3.16 所示为配合物 5～7 的 PXRD 谱图，通过谱图可以看出，实验测得的 PXRD 谱图与模拟的单晶结构图非常吻合，说明配合物 5～7 在较多量存在时依然为纯相。使用热重分析（TGA）研究了配合物 5～7 在 N₂ 气氛且升温速率为 10℃/min 条件下的热稳定性。如图 3.17 所示，配合物 5～7 的 TGA 曲线表明在 50～800℃范围内显现出一步失重，对应在 200～680℃、180～720℃和225～750℃的温度范围内不同配合物中主要配体的分解，失重率分别为 87.8%、

67.9% 和 85.8%（理论值分别为 86.6%、66.9% 和 86.2%），二者基本吻合。配合物 5～7 在热分解温度达到 750℃以上，配合物完全分解，样品将不再失重，最终剩余值分别为 12.5%、31.9% 和 14.5%（理论值分别为 13.4%、33.1% 和 13.8%），二者基本吻合。剩余的产物可能是金属氧化物 CuO、PbO 和 CdO，并且展现出了良好的热稳定性。

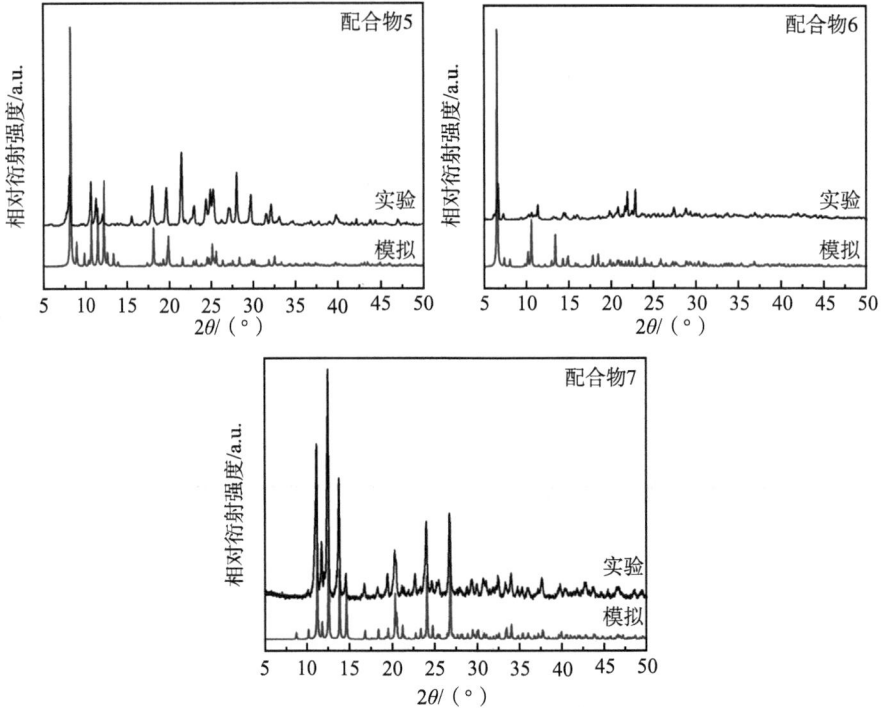

图 3.16　配合物 5～7 的 PXRD 谱图

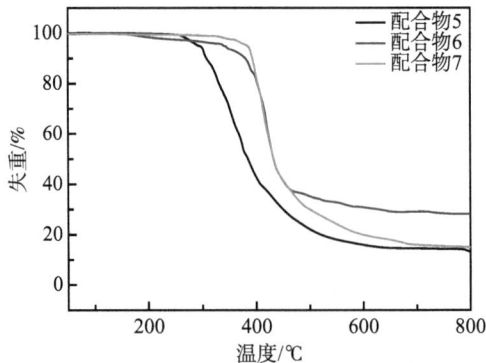

图 3.17　配合物 5～7 的热重曲线

3.3.4　荧光光谱分析

结合中心金属和共轭有机配体的 MOFs 在化学传感、光化学等领域有潜在的应用价值[142-146]。我们研究了配合物 5～7、2-HNCP、3-HNCP 和芳香羧酸配体在室温下的固相 PL 光谱。如图 3.18 所示，配体 2-HNCP 的最大发射波长为 538 nm（λ_{ex}=466 nm），配体 NH$_2$-H$_2$bpdc 的最大发射波长为 484 nm（λ_{ex}=369 nm），以及配体 3-HNCP 的最大发射波长为 548 nm（λ_{ex}=470 nm）。配合物 5 和配合物 6 的发射光谱与 2-HNCP 的发射光谱峰型相似，发射波长分别出现在 497 nm（λ_{ex}=285 nm）和 460 nm（λ_{ex}=369 nm）处，相应的配合物 7 的发射光谱也与配体 3-HNCP 的发射光谱峰型相似，发射波长出现在 498 nm（λ_{ex}=286 nm）处，这可能归因于配体内荧光发射[147]。相对于 2-NCP⁻ 配体所显示的发射峰位置，配合物 5 和配合物 6 的发射峰发生了蓝移，这可能是由于去质子化的 2-NCP⁻ 配体与金属离子配位，导致了能级的变化[148]。而相对于 3-NCP⁻ 配体所显示的发射峰位置，配合物 7 的发射峰蓝移了 50 nm，由于金属 Cd（Ⅱ）离子的杂化轨道构型为 d^{10}，即全充满，很难氧化或者还原，因此我们可以推断出配合物 7 在发光本质上既不属于金属→配体电荷转移（MLCT），也不属于配体→金属电荷转移（LMCT），而是属于配体自身发光。

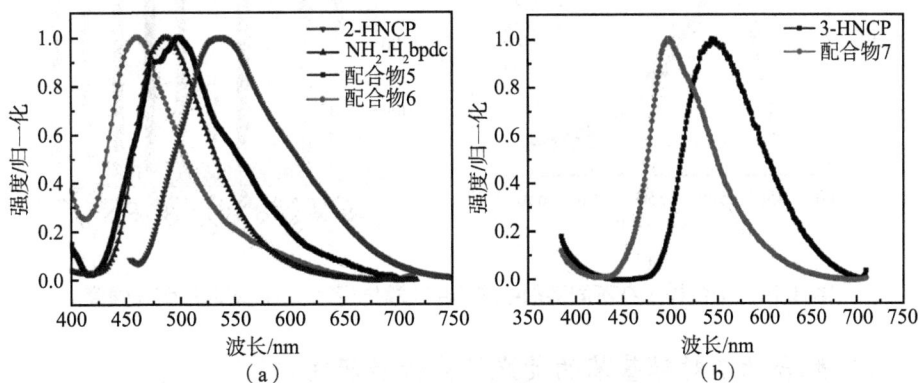

图 3.18　（a）配合物 5～6、2-HNCP 和 NH$_2$-H$_2$bpdc 配体的固体荧光光谱图；
（b）配合物 7 和 3-HNCP 配体的固体荧光光谱图

3.3.5 配合物 7 的荧光传感性能研究

3.3.5.1 配合物 7 的溶剂选择

由于 MOFs 材料在水溶液中具有良好的稳定性，并且在水溶剂中表现出较好的荧光信号，本实验首先测试了配合物 7 样品分散在水中所形成的悬浊液的荧光光谱，MOFs 材料优异的固态发光性能激发了我们进一步探索其在不同有机溶剂中的荧光发射（图 3.19）。将研磨均匀的粉末样品 5 mg 分散于 3 mL 不同的有机溶剂中浸泡 12 h，然后用超声处理 30 min，静置形成稳定的悬浊液，测定该悬浊液的荧光性质。常用的有机溶剂分别为 N, N- 二甲基甲酰胺（DMF）、N, N- 二甲基乙酰胺（DMA）、乙醇（EtOH）、三氯甲烷（$CHCl_3$）、甲醇（MeOH）、H_2O、乙腈（CH_3CN）、二氯甲烷（CH_2Cl_2）、丙酮（Acetone）、二甲基亚砜（DMSO）和硝基苯（NB）。PXRD 曲线进一步证实了配合物 7 的结构在浸泡不同的有机溶剂后仍然保持完整（图 3.20）。随后，在 286 nm 激发下，配合物 7 在不同溶剂中呈现不同的荧光光谱，这可能是溶质和溶剂之间的物理相互作用所导致。

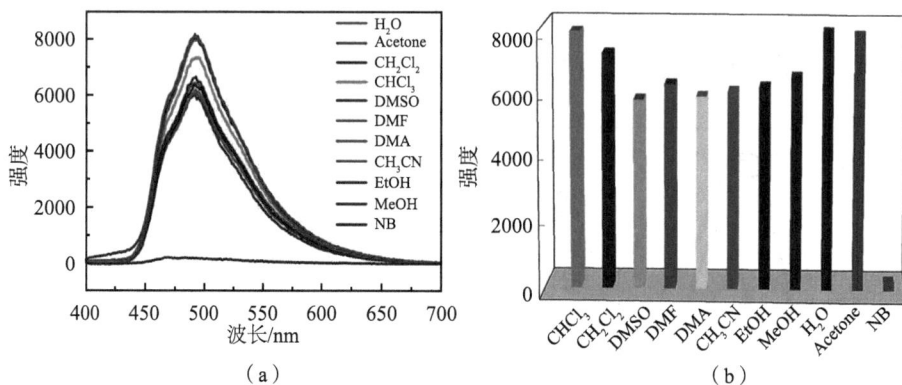

图 3.19　配合物 7 在不同溶剂中的（a）发射光谱和（b）对应的荧光强度

3.3.5.2 配合物 7 对硝基苯的荧光传感性能研究

如图 3.21（a）所示，我们考察了该配合物在水溶液中对不同含量 NB 的检测能力。将配合物 7 的悬浊液逐渐滴加 1 mg/L 不同含量 NB（0～12 μL）的溶液，通过荧光光谱测试其荧光强度的变化，进一步检测硝基苯的灵敏性。结果

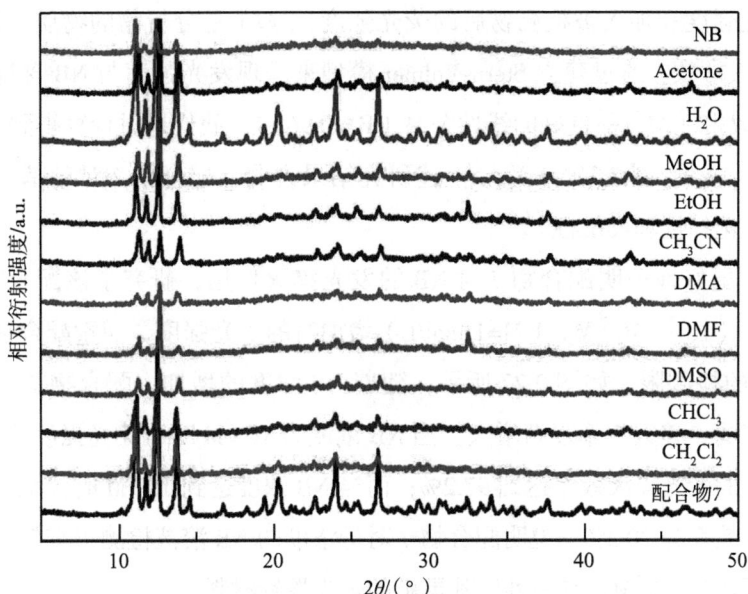

图 3.20　配合物 7 浸泡在不同溶剂中的 PXRD 曲线

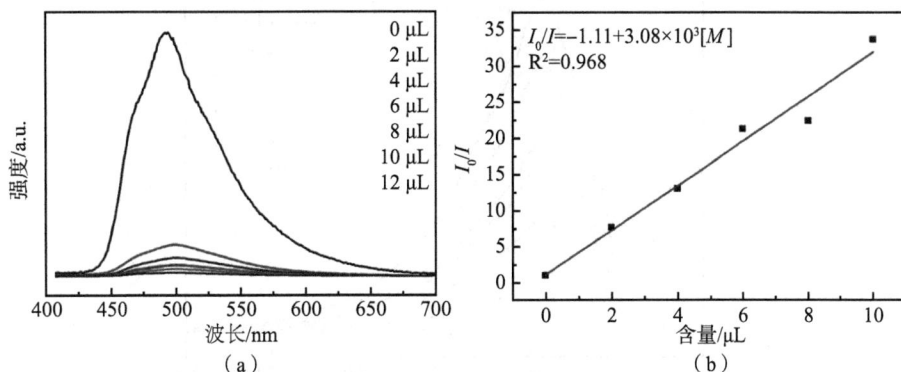

图 3.21　（a）配合物 7 在不同含量 NB 水溶液中的发射光谱；（b）I_0/I 相对于不同含量 NB 的 Stern-Volmer 模型图

发现，不同含量的硝基苯对应的荧光强度产生不同程度的猝灭现象，并且含量越大，猝灭现象越明显。当体系中加入 NB 的量仅为 2 μL 时，荧光强度已经降低了 87.1%，并且增加到 12 μL 时，可以观察到几乎完全猝灭，配合物 7 对 NB 的猝灭效率为 99.2%，这与其他 MOFs 相比展现出了更高的灵敏性[149]。此外，荧光猝灭效率可用 Stern-Volmer 方程 $I_0/I=1+K_{sv}[M]$ 来分析，I_0 和 I 分别是最初的荧光强度和加入被检测物后的荧光强度，$[M]$ 是分析物的物质的量浓度，K_{sv} 是猝灭常数。通过建立 Stern-Volmer 模型来呈现发光强度与 NB 含量的关系曲线，I_0/I 和 $[M]$ 呈良好的线性关系（$R^2=0.968$），我们通过计算得到 K_{sv} 值为 $3.08 \times 10^3 \ M^{-1}$［图 3.21（b）］。上述研究结果说明，配合物 7 对硝基苯的检测具有较高选择性和灵敏性。

为了更好地证明配合物 7 对 NB 的发光猝灭作用，研究了该配合物在 NB 溶液浓度（$10^{-7} \sim 10^{-2}$ M，1 M=1 mol/L）增加时的发光强度，探索配合物 7 作为 NB 探针的检测限。如图 3.22 所示，随着 NB 浓度的增加，配合物 7 的荧光强度逐渐减弱，猝灭效率逐渐增大。当 NB 浓度为 10^{-2} M 时，荧光强度达到最低，配合物 7 的荧光猝灭效率达到 97.2%；而当 NB 浓度达到 10^{-7} M 时，配合物 7 的荧光猝灭效率为 20.3%，说明配合物 7 对低浓度的 NB 溶液检测仍有效果，最低检测限可达到 10^{-7} M，是一种极其灵敏的荧光探针材料。

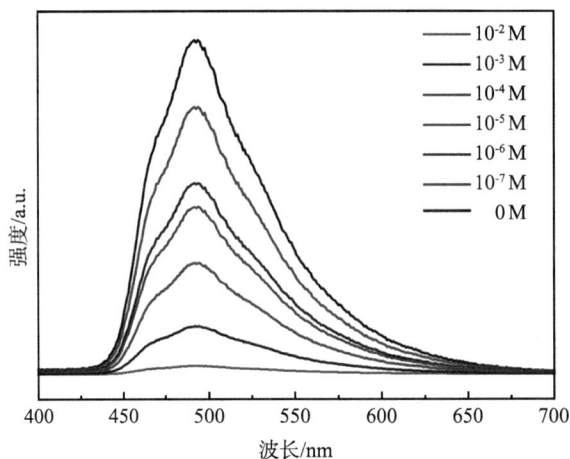

图 3.22　配合物 7 在含有不同浓度 NB 溶液中的发射光谱

我们进一步考察了在其他有机溶剂干扰的前提下，配合物 7 对硝基苯的检测性能，如图 3.23 所示。我们将配合物 7 浸泡在（2 mL，1 ppm）不同有机溶剂的水溶液中，随后加入（12 μL，1 ppm）的硝基苯，通过比较其荧光强度，很容易看出加入 12 μL 硝基苯的有机溶剂的荧光强度明显降低。这个结果表明，即使在含有硝基苯的体系中存在大量其他有机溶剂分子时，其他有机溶剂分子对硝基苯的荧光响应干扰也是非常有限的。说明该材料具有良好的抗干扰能力，可用于复杂元件系统的传感。

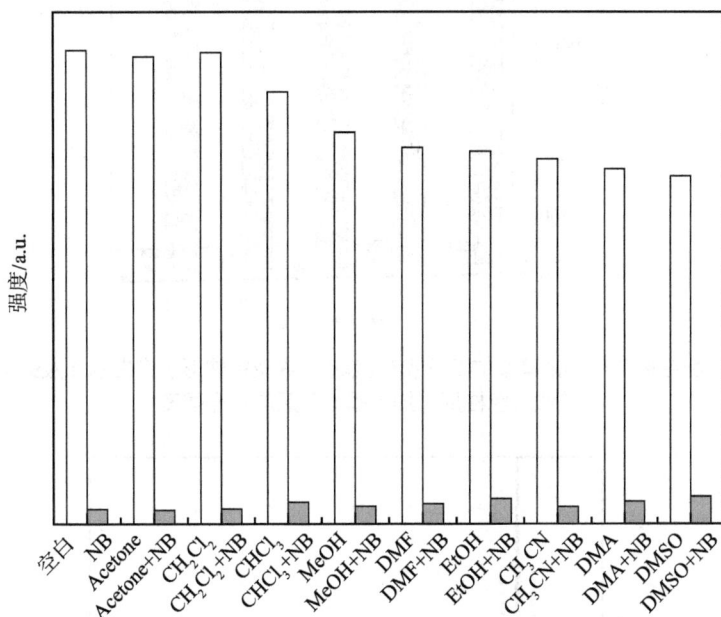

图 3.23　配合物 7 浸泡在不同有机溶剂（白色柱形）的水溶液中的荧光强度和
随后加入 12 μL 硝基苯（灰色柱形）的荧光强度

　　循环使用性作为衡量荧光传感器性能的重要指标，对开发具有潜在应用价值的材料提供理论依据。我们将猝灭后的配合物 7 材料反复洗涤并离心 3 次进行回收，干燥后用于下次的荧光检测实验。如图 3.24 所示，5 次循环后配合物 7 对应的荧光强度有所减小，但是每次的猝灭效率变化不多，直到第 5 次荧光滴定实验的猝灭效率仍然为 95% 左右。使用公式 $(I_0-I)/I_0 \times 100\%$ 估算猝灭效率（%），其中 I_0 和 I 分别是浸泡在水中和浸泡在 12 μL 硝基苯溶液后的荧光强度。PXRD 谱图进一步证实在循环 5 次之后，配合物 7 的骨架仍然保持完整（图 3.25）。这些结果表明配合物 7 具有良好的循环稳定性，是一种新型多功能荧光传感材料。

　　同样，我们研究了配合物 7 对硝基苯可能的发光猝灭机制。匹配良好的配合物 7-NB 的 PXRD 谱图表明发光猝灭不是由骨架的崩塌引起的（图 3.20）。此

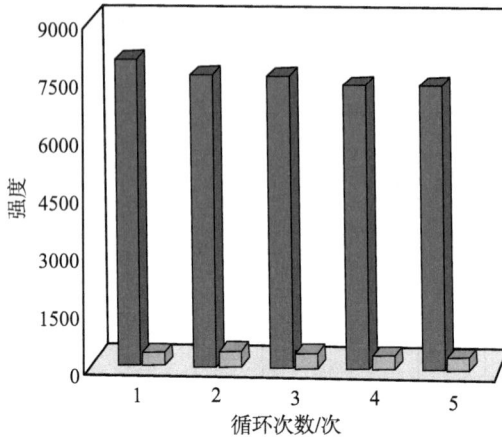

图 3.24　配合物 7 检测硝基苯的 5 次循环实验：（深灰色柱形）空白悬浊液的荧光强度；
（浅灰色柱形）加入硝基苯后的荧光强度

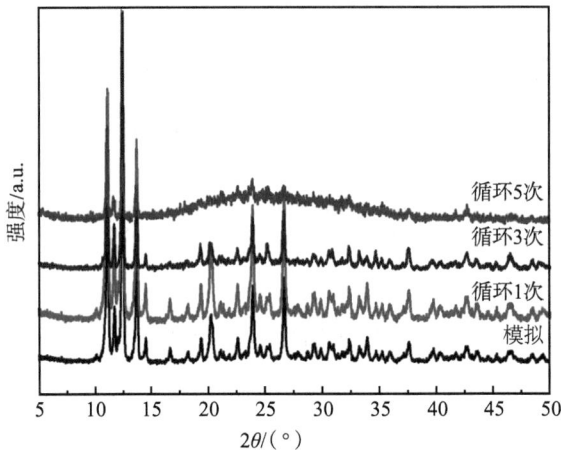

图 3.25　配合物 7 在硝基苯的水溶液中循环 5 次后的 PXRD 曲线

外，NB 在水溶液中的吸收光谱和配合物 7 发射光谱不能很好地重叠，这意味着从框架到 NB 的能量转移并不是猝灭机制。而且，我们可以清楚地注意到配合物 7 的激发波长（286 nm）与文献中所报道的 NB 的吸收光谱（260～350 nm）有很好的重叠，这表明 NB 很容易吸收激发波长，导致荧光猝灭[149]。更重要的是，硝基是一个典型的吸电子取代基，并且 3-HNCP 是出名的富电子配体，因此当有一定能量的光照射到分散在硝基苯溶液中的配合物上时，配合物中的激发电子可能从配体被转移到硝基苯上，导致荧光猝灭现象[150]。通过强度比

（I_0/I）和 NB 浓度的关系曲线，可以很好地拟合 Stern-Volmer 方程 $I_0/I=1+K_{sv}[M]$，显示发光猝灭可以由碰撞相互作用引起。总而言之，激发电子的竞争吸收、转移和碰撞相互作用可以共同导致配合物 7 的荧光猝灭。

3.3.5.3 配合物 7 对金属离子的荧光传感性能研究

为了研究配合物 7 在检测金属离子方面的潜在应用，我们进行了不同金属离子的选择性荧光传感实验。首先将研磨均匀的粉末样品 5 mg 分散在 3 mL 的水溶液中，通过超声处理形成悬浊液，并将含有浓度为 10^{-2} mol/L 的不同金属阳离子的硝酸盐 M（NO_3）$_x$（M=Cd^{2+}，Co^{2+}，Al^{3+}，Fe^{2+}，Mn^{2+}，Li^+，Zn^{2+}，K^+，Ba^{2+}，Na^+，Mg^{2+}，Fe^{3+}，Cu^{2+}，Pb^{2+} 和 Hg^{2+}）加入上述悬浊液中，通过记录含配合物 7 的悬浊液在 286 nm 激发下的荧光光谱，研究其发光特性。通过测试发现，不同的金属阳离子在相同激发波长下显示出不同的荧光强度［图 3.26（a）］。值得注意的是，配合物 7 对 Fe^{3+} 存在着最显著的荧光猝灭效应［图 3.26(b)］，而其他阳离子则表现出不同程度的猝灭效应。猝灭效率可用公式（I_0-I）$/I_0 \times 100\%$ 来估算，其中 I_0 和 I 分别是加入 Fe^{3+} 前后对应配合物 7 的荧光强度，对 Fe^{3+} 的猝灭效率为 92.9%。表明在上述阳离子中，配合物 7 对 Fe^{3+} 具有较高的选择性检测。

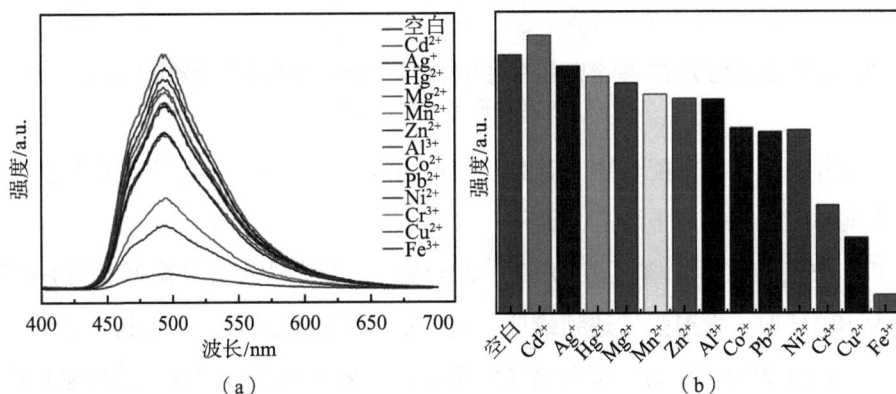

图 3.26 配合物 7 在不同金属离子溶液中的（a）发射光谱和（b）荧光强度

配合物 7 除了对 Fe^{3+} 具有高的选择性，荧光传感器的抗干扰能力也是至关重要的。因此，我们进一步研究了其他金属阳离子是否对 Fe^{3+} 的检测有影响。我们将 1 mL 浓度为 1×10^{-3} mol/L 的 Fe^{3+} 加入金属有机骨架材料的悬浊液中，然后加入 2 mL 浓度为 1×10^{-3} mol/L 的其他金属离子溶液，我们发现将 Fe^{3+} 加入平行实验中（图 3.27），可以发生有效的荧光猝灭。表明即使体系中存在其他金属阳离子，也并不影响对 Fe^{3+} 的荧光检测。

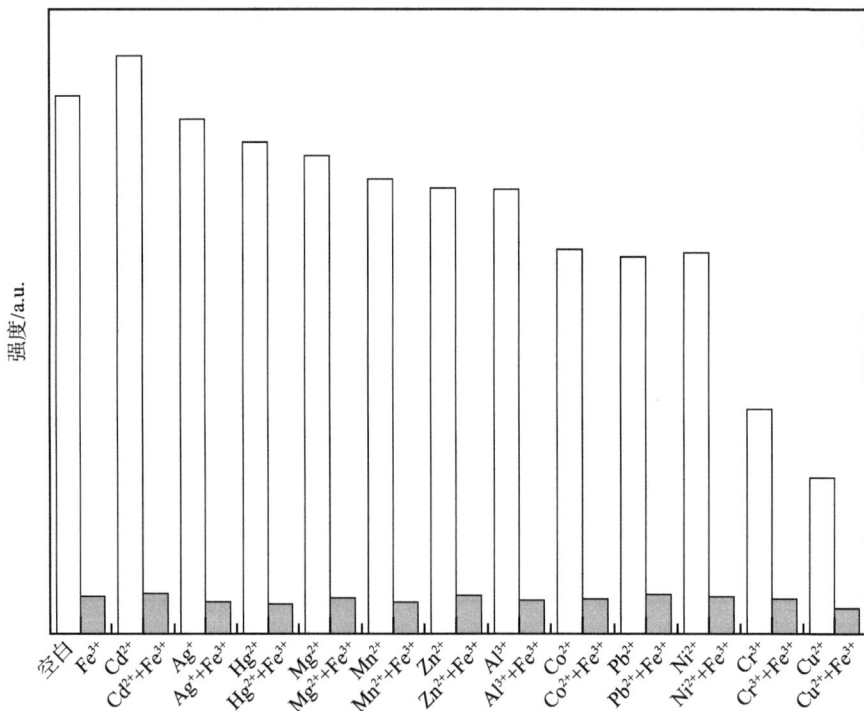

图 3.27　配合物 7 在不同金属离子（白色柱形）溶液中的荧光强度和随后加入 Fe^{3+}
（灰色柱形）的荧光强度

此外，为了研究配合物 7 对 Fe^{3+} 的检测限，在配合物 7 的悬浮液中加入不同浓度梯度的 Fe^{3+} 离子溶液，研究了其发光滴定光谱。如图 3.28（a）所示，随着 Fe^{3+} 浓度从 10^{-6} M 增加到 10^{-2} M，配合物 7 的发射强度逐渐降低。当 Fe^{3+} 浓度为 10^{-2} M 时，发射强度达到最低，配合物 7 的荧光猝灭效率达到 92.9%；而当 Fe^{3+} 浓度为 10^{-6} M 时，配合物 7 的荧光猝灭效率达到 16.3%，说明配合物 7 对低浓度的 Fe^{3+} 离子溶液检测仍有效果，最低检测限可达到 10^{-7} M，这与传统的检测方法相比有了很大提高。如图 3.28（b）所示，通过建立 Stern-Volmer 模型来呈现发光强度与 Fe^{3+} 浓度的关系曲线，I_0/I 和 $[M]$ 呈良好的线性关系（R^2=0.986），并符合 Stern-Volmer（SV）方程 I_0/I=1+$K_{sv}[M]$。式中，I_0 和 I 分

别是加入 Fe^{3+} 前后的荧光强度，[M] 是 Fe^{3+} 的物质的量浓度，K_{sv} 是猝灭常数。我们通过计算得到 K_{sv} 值为 $2.64 \times 10^5 \, M^{-1}$，良好的线性关系也表明在猝灭过程中可能会发生动态猝灭或静态猝灭。

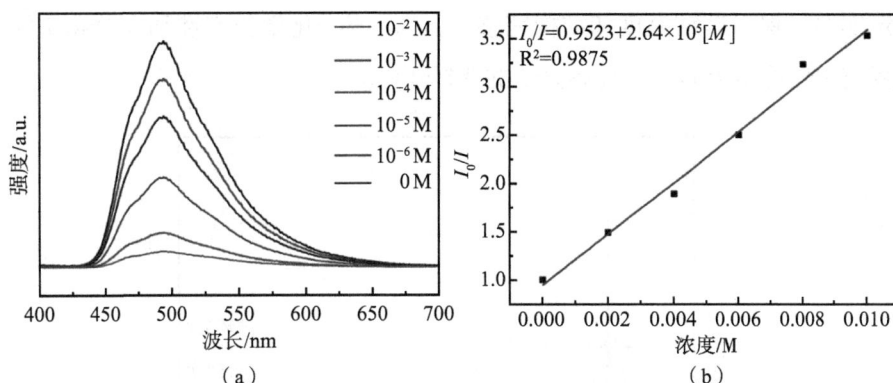

图3.28 （a）配合物7在含有不同浓度 Fe^{3+} 的水溶液中的发射光谱；
（b）I_0/I 相对于 Fe^{3+} 浓度的 Stern-Volmer 模型图

对于配合物的回收利用，我们将含有配合物7和 Fe^{3+} 的水溶液进行离心，通过过滤收集，用水多次洗涤，并在室温下干燥。值得注意的是，即使在5个周期后，初始荧光强度几乎保持不变，这表明配合物7对于检测应用来说具有良好的可回收性（图3.29）。可以使用公式（I_0-I）/$I_0 \times 100\%$ 来估算猝灭效率

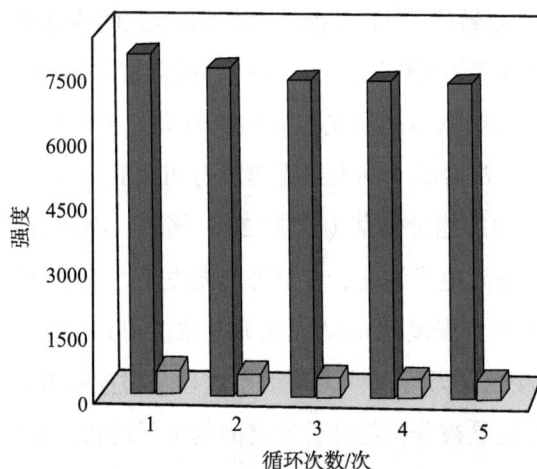

图3.29 配合物7检测 Fe^{3+} 的5次循环实验：（深灰色柱形）空白悬浊液的荧光强度；
（浅灰色柱形）加入硝基苯后的荧光强度

（%），其中 I_0 和 I 分别是分散于浓度为 10^{-2} M 的 Fe^{3+} 的水溶液之前和之后配合物 7 的荧光强度。第 5 次再循环后猝灭效率可保持在 90% 左右。进一步通过 PXRD 数据所证实（图 3.30），配合物 7 在用 Fe^{3+} 的溶液进行 5 次重复的荧光滴定实验后保持其结晶度和结构完整性。高的热/化学稳定性和配合物 7 的可重复使用性可用于 Fe^{3+} 等金属离子的选择性检测。

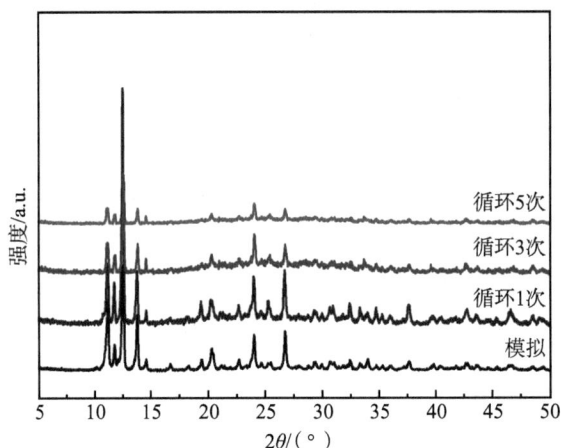

图 3.30　配合物 7 在 Fe^{3+} 的水溶液中循环 5 次后的 PXRD 曲线

一般来说，发生荧光猝灭可能是由传感机制引起的：①骨架的崩塌[151]；②从骨架到被分析物的能量转移[152]；③被分析物和骨架之间的电子转移[153]；④被分析物和骨架之间的碰撞相互作用[154]。第一，配合物 7Fe^{3+} 的 PXRD 谱图拟合的非常好，说明骨架的崩塌不是发光猝灭的原因（图 3.31）；第二，因为 Fe^{3+} 溶液的紫外吸收光谱与配合物 7 的发射光谱没有明显的光谱重叠，所以猝灭不是由从骨架到被分析物的能量转移（图 3.32）；第三，在配合物 7 中，电子从主配合物传输到 Fe^{3+} 导致电子缺乏，在紫外光激发下，电子从给体转移到受体以诱导发光猝灭；第四，强度比（I_0/I）和 Fe^{3+} 浓度可以很好地拟合到 $I_0/I=1+K_{sv}[M]$ 方程，表明发光猝灭可以认为是动态过程（碰撞相互作用）。综上所述，产生猝灭现象不仅仅是被分析物和骨架之间的电子转移，还包括它们之间的碰撞相互作用共同导致发光猝灭。

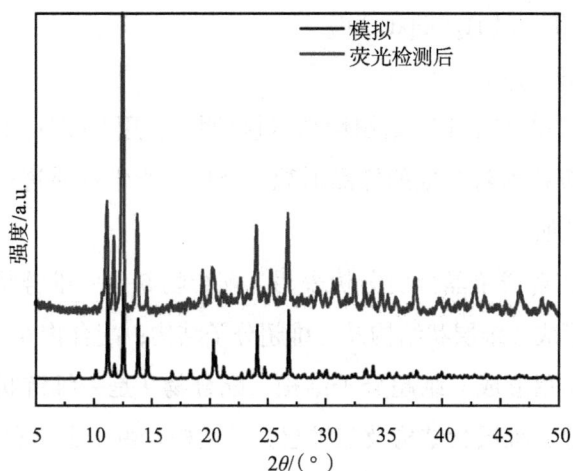

图 3.31　配合物 7 在 Fe^{3+} 荧光检测实验后的 PXRD 谱图

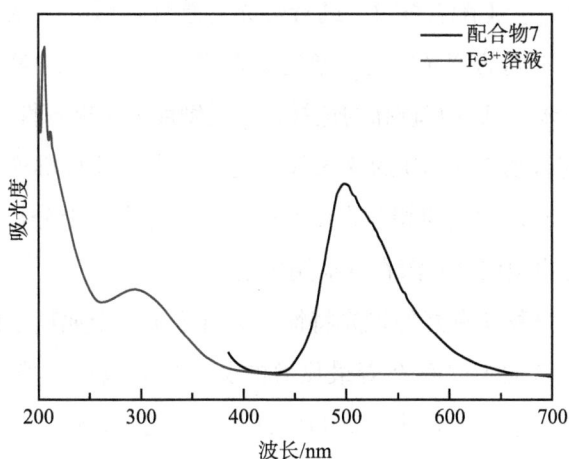

图 3.32　配合物 7 和 Fe^{3+} 溶液的紫外—可见吸收光谱

3.4　本章小结

在本章中，选用 2-HNCP、3-HNCP 作为主配体，H_2N-H_2bpdc 作为辅助配体，利用水热法制备了 3 种新型 MOFs 材料。

$$[Cu_2(2-NCP)_2(H_2N-bpdc)]_n \tag{5}$$

$$\left[\, Pb_2\,(2\text{-}NCP)_2\,(H_2N\text{-}bpdc)\,\right]_n \tag{6}$$

$$\left[\, Cd\,(3\text{-}NCP)_2\,\right]_n \tag{7}$$

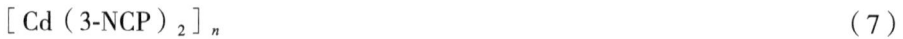

通过 X 射线单晶衍射对其晶体结构进行测定，用 PXRD、FT-IR、UV-vis 固体紫外漫反射等技术对合成的样品形貌、结构、光学性质进行了一系列研究。本章的主要结论如下。

（1）通过 X 射线单晶衍射分析表明，配合物 5 是一维链状结构，通过 π-π 堆积作用均可形成二维层状结构及三维超分子结构；配合物 6 是二维层状结构，通过 π-π 堆积作用形成三维超分子结构；配合物 7 是一维链状结构，通过 π-π 堆积作用均形成二维层状结构及三维超分子结构。由于金属和配体配位模式的改变，最终导致产生不同结构的骨架材料。

（2）本章选用具有 d^{10} 结构的 Cd（Ⅱ）构筑的新型发光金属—有机骨架材料 $\left[\, Cd\,(3\text{-}NCP)_2\,\right]_n$（配合物 7）进行荧光传感性能研究。该配合物浸入不同的溶剂中会产生不同的荧光发射。通过荧光猝灭实验，配合物 7 可作为荧光传感器来检测硝基苯，其具有较高的选择性、灵敏度和可循环性。此外，随着 NB 含量的增加，配合物 7 对 NB 的猝灭效率逐渐增大。猝灭机理可归因于激发电子的竞争吸收、转移和碰撞相互作用共同导致。综合以上分析，该材料在检测硝基芳香族化合物领域具有潜在的应用价值。

（3）鉴于配合物 7 良好的发光特性，进行了不同金属离子的选择性荧光传感实验。配合物 7 对 Fe^{3+} 存在着最显著的荧光猝灭效应，猝灭效率为 92.9%。表明在不同阳离子中，配合物 7 对 Fe^{3+} 具有较高的选择性检测，其最低检测限可达到 10^{-7} M，猝灭机理不仅仅归因于电子转移，还包括碰撞相互作用。此外，配合物 7 具有优异的抗干扰能力和可循环性。希望该类材料能够为设计稳定的荧光配位聚合物奠定基础，在金属离子检测方面提供新的可能性。

第 4 章

基于2-（4-羧基苯基）咪唑并［4，5-f］［1，10］邻菲啰啉和芳香羧酸配体构筑配合物的结构及其荧光传感性能研究

4.1 引言

　　MOFs 材料是一种新型的由金属离子或金属簇与多齿有机配体通过配位键连接而形成的多孔晶态材料。MOFs 类材料拥有超大表面积和多孔性质以及高度结晶性，孔道内部有排列规则、密集的吸附活性位点。通过利用镧系离子（Ln^{3+}）与配体同时发光产生双荧光发射，降低外界条件对检测的干扰，从而提高检测的灵敏度，降低检测限，这使荧光 MOFs 得到了巨大的发展。

　　Ln^{3+} 的 4f 轨道从 $4f^0$ 到 $4f^{14}$ 逐渐填充，这些电子能级赋予 Ln^{3+} 优良的光学性质。然而，Ln^{3+} 直接发光的效率非常低，天线效应可以明显增强 Ln^{3+} 的发光[155, 156]。

　　利用 Ln^{3+} 与配体之间耦合，有机配体作为吸收光子的"天线"，通过其单线态的系统间交叉产生三线态，三线态敏化 Ln^{3+} 增强发光，以确保比自由离子更亮的发射。配体的单线态和三线态之间的能隙对有效发射至关重要，而配体的三线态与 Ln^{3+} 激发态之间的间隙也将受到严格限制。另外，三价态的 Ln^{3+}（如 Eu^{3+} 和 Tb^{3+}）由于具有较高的色纯度、荧光效率、多样配位环境及较高的灵敏性，已受到广泛的关注[157, 158]。综上所述，将配体与金属离子 Ln^{3+} 相结合构筑 Ln-MOFs 是一种新颖可行的设计策略。但是 Ln-MOFs 材料在荧光检测研究

中仍处于初级阶段。到目前为止，各种镧系金属—有机骨架（Ln-MOFs）已被开发出来，独特的天线效应、较高的量子效率、荧光单色性、窄的发射带、尖锐的特征发射峰、较长激发态寿命（达到毫秒）以及较大的 Stokes 位移（大于200 nm）而引起科研工作者的广泛关注。他们已经成功将 Ln-MOFs 应用到许多领域，如多相催化、气体储存/分离、质子传导、发光器件等。但是，在各种应用中，基于化学传感的荧光检测是快速识别和检测离子、小分子和蒸汽的最佳选择[159, 160]。与传统的检测方法相比，荧光检测具有灵敏度高，无破坏性、选择性好及可实用性等诸多优势。

Fe^{3+} 在生物学以及环境系统中扮演着重要的角色。在氧代谢、核糖体和血红蛋白的形成、DNA 和 RNA 的合成/修复等一系列细胞过程中起着不可或缺的作用，Fe^{3+} 的缺乏和过量会导致一些生理疾病[161, 162]。此外，硝基芳烃爆炸物（NAEs）是一种常见的危险化学物质，对硝基爆炸物的化学检测也是至关重要的。例如，硝基苯（NB）、1，3- 二硝基苯（1，3-DNB）、4- 硝基甲苯（4-NT）、2，4- 二硝基甲苯（2，4-DNT）、2，4，6- 三硝基苯酚（TNP）、2，4，6- 三硝基甲苯（TNT）等是硝基爆炸物的主要成分，也是一种重要的环境污染物，具有毒性高，难降解等特点，严重威胁着生态环境和人类健康。因此，设计和合成快速高效检测硝基芳香族化合物和金属离子的 MOFs 化学传感器，不仅是安全领域的迫切要求，也是环境保护的关键[163, 164]。

本章采用 2-（4- 羧基苯基）咪唑并［4,5-f］［1,10］邻菲啰啉（4-HNCP）、1，4- 对苯二甲酸（1，4-H$_2$bdc）和 4，4'- 联苯二甲酸（4，4'-H$_2$bpdc）配体在水热条件下成功合成了 3 个多功能发光三维金属—有机骨架化合物［Eu（4-NCP）（1,4-bdc）］$_n$·0.5H$_2$O（8）、［Tb（4-NCP）（1,4-bdc）］$_n$·2H$_2$O（9）和［Eu（4-NCP）（4，4'-bpdc）］$_n$·0.75H$_2$O（10）（图 4.1）。采用 X 射线单晶衍射仪对其晶体结构进行测定，用元素分析、红外光谱、X 射线粉末衍射等技术对合成的样品进行表征，并对配合物 8～10 在选择性气体吸附以及对硝基芳烃和金属离子的荧光传感性能进行了研究。此外，基于荧光检测实验提出了可能的猝灭机制。

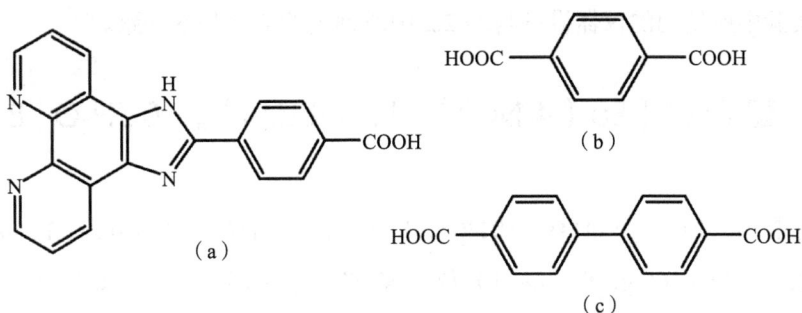

图4.1 （a）配体4-HNCP结构图；（b）配体1，4-H$_2$bdc结构图；
（c）配体4，4'-H$_2$bpdc结构图

4.2 实验部分

4.2.1 试剂与仪器

本章实验中，原料和试剂一览表如表4.1所示，药品在使用前均未进一步纯化。实验过程中所使用的水均为去离子水。

表4.1 原料和试剂一览表

试剂	分子式	级别	生产厂家
2-（4-羧基苯基）-1H-咪唑并［4,5-f］［1,10］邻菲啰啉	$C_{20}H_{14}N_4O_2$	AR级	济南恒化科技有限公司
氢氧化钠	NaOH	AR级	天津大茂化学试剂厂
硝酸铕	$Eu(NO_3)_3 \cdot 6H_2O$	AR级	济南恒化科技有限公司
硝酸铽	$Tb(NO_3)_3 \cdot 6H_2O$	AR级	济南恒化科技有限公司
1,4-对苯二甲酸	$C_8H_6O_4$	AR级	济南恒化科技有限公司
4,4'-联苯二甲酸	$C_{14}H_{10}O_4$	AR级	济南恒化科技有限公司
N,N-二甲基甲酰胺	C_3H_7NO	AR级	上海化学试剂有限公司
2,4,6-三硝基苯酚（TNP）	$C_6H_3N_3O_7$	AR级	北京百灵威科技有限公司
硝基苯（NB）	$C_6H_3N_3O_6$	AR级	北京百灵威科技有限公司
2,4-二硝基甲苯（2,4-DNT）	$C_7H_6N_2O_4$	AR级	北京百灵威科技有限公司
2,4-二硝基苯酚（2,4-DNP）	$C_6H_4N_2O_5$	AR级	北京百灵威科技有限公司
1,3-二硝基苯（1,3-DNB）	$C_6H_4N_2O_4$	AR级	北京百灵威科技有限公司
4-硝基甲苯（4-NT）	$C_7H_7NO_2$	AR级	麦克林（吉林）科技有限公司
2-硝基甲苯（2-NT）	$C_6H_4N_2O_5$	AR级	麦克林（吉林）科技有限公司

实验中所使用的仪器设备与表 2.2 中所列出的清单基本一致。

4.2.2 配合物［Eu（4-NCP）（1，4-bdc）］$_n$·0.5H$_2$O（8）的合成

称取 Eu（NO$_3$）$_3$·6H$_2$O（0.0446 g，0.1 mmol）、4-HNCP（0.0340 g，0.1 mmol）和 1，4-H$_2$bdc（0.0166 g，0.1 mmol）放入烧杯中，向其中加入 0.1 mL DMF 和 10 mL 的去离子水，在磁力搅拌器下搅拌 10 min，然后滴加 1 mol/L 的 NaOH 溶液，将体系的 pH 值调到 7，最后将混合液放到 25 mL 的聚四氟乙烯反应釜中，于 180℃ 烘箱加热 3 天，反应系统慢慢冷却至室温。将产物进行过滤和蒸馏水洗涤，并在室温下干燥，最后得到黄色块状晶体（C$_{56}$H$_{32}$Eu$_2$N$_8$O$_{13}$）（Mr=1328.82）。产率：70.0%［以 Eu（NO$_3$）$_3$·6H$_2$O 为基准］。元素分析值（%）：C,50.61；H, 2.43；N, 8.43。理论值（%）：C, 50.56；H, 2.51；N, 8.27。IR［KBr 压片，v（cm^{-1}），图 4.2（a）］：3451（w），1607（m），1553（m），1399（s），1070（w），851（m），741（m），522（m），413（w）。

4.2.3 配合物［Tb（4-NCP）（1，4-bdc）］$_n$·2H$_2$O（9）的合成

称取 Tb（NO$_3$）$_3$·6H$_2$O（0.0453 g，0.1 mmol）、4-HNCP（0.0340 g，0.1 mmol）和 1，4-H$_2$bdc（0.0166 g，0.1 mmol）放入烧杯中，向其中加入 0.1 mL DMF 和 10 mL 的去离子水，在磁力搅拌器下搅拌 10 min，然后滴加 1 mol/L 的 NaOH 溶液，将体系的 pH 值调到 7，最后将混合液放到 25 mL 的聚四氟乙烯反应釜中，于 180℃ 烘箱加热 3 天，反应系统慢慢冷却至室温。将产物进行过滤和蒸馏水洗涤，并在室温下干燥，最后得到黄色块状晶体（C$_{28}$H$_{15}$N$_4$O$_8$Tb）（Mr=694.36）。产率：72.4%［以 Tb（NO$_3$）$_3$·6H$_2$O 为基准］。元素分析值（%）：C,48.43；H, 2.18；N, 8.07。理论值（%）：C, 48.40；H, 2.25；N, 8.14。IR［KBr 压片，v（cm^{-1}），图 4.2（b）］：3473（w），1622（m），1549（m），1397（s），1067（w），858（m），737（m），528（m），407（w）。

4.2.4　配合物［Eu（4-NCP）（4，4′-bpdc）］$_n$·0.75H$_2$O（10）的合成

称取 Eu（NO$_3$）$_3$·6H$_2$O（0.0446 g, 0.1 mmol）、4-HNCP（0.0340 g, 0.1 mmol）和 1，4-H$_2$bpdc（0.0242 g，0.1 mmol）加入 10 mL 的去离子水，在磁力搅拌器下搅拌 10 min，之后将混合液放到 25 mL 的聚四氟乙烯反应釜中，于 180℃烘箱加热 3 天，待反应系统慢慢冷却至室温。将产物进行过滤和蒸馏水洗涤，并在室温下干燥，最后得到黄色块状晶体（C$_{34}$H$_{20.50}$EuN$_4$O$_7$）（Mr=749.00）。产率：73.2%［以 Eu（NO$_3$）$_3$·6H$_2$O 为基准］。元素分析值（%）：C, 54.52; H, 2.76; N, 7.48。理论值（%）：C, 54.50; H, 2.82; N, 7.36。IR［KBr 压片，v（cm^{-1}），图 4.2（c）］：3440（w），1586（s），1509（s），1400（s），1192（w），1070（m），851（s），763（m），533（m），413（w）。

4.2.5　配合物 8～10 的表征方法

配合物 8～10 的 X 射线单晶衍射（CCD）表征在 Bruker SMART Apex Ⅱ衍射仪上进行，数据还原和结构解析工作在 SAINT-5.0 和 SHELXTL-2014[101] 程序下分别运行，由 SADABS 程序完成吸收校正。C、H 和 N 元素分析在 Perkin-Elmer 2400 型元素分析仪上完成。通过傅里叶红外光谱（FT-IR）Nicolet iS50 型对样品中的化学键和化学基团进行分析测定，把样品与光谱纯 KBr 混合压片，测量范围为 400～4000 cm^{-1}。采用德国耐驰（Netzsch）公司的 STA 449F3 型同步热分析仪研究分析物质的热稳定性，氮气气氛下，以 10 ℃/min 的加热速率从室温一直升高温度至 800 ℃。通过 TGA 结果，可以判断骨架稳定性和溶剂分子等方面的信息。配合物 8～10 的荧光光谱是在日本日立（Hitachi）公司 F4600 型荧光光谱仪上完成了全部样品的测定，用以分析样品的光生电子和空穴的复合率。通过日本 JEOL 公司的 PC2500 型 X 射线粉末衍射（PXRD）对所制备的粉末样品进行晶相和纯度的测定，Cu K_α 为辐射源（λ=0.15406 nm），扫描范围为 5°～50°。采用日本岛津公司 UV-3600 型紫外—可见漫反射光谱（UV-vis DRS）表征所合成材料的光学吸收性能，以 BaSO$_4$ 粉末作为参比，扫描范围为 200～

800 nm。用来分析配合物的带隙值。采用美国康塔（Quantachrome）公司的 Autosorb-IQ-C（双站）型比表面积—孔结构测定（BET）用于分析所合成材料的比表面积和孔结构分布特征。

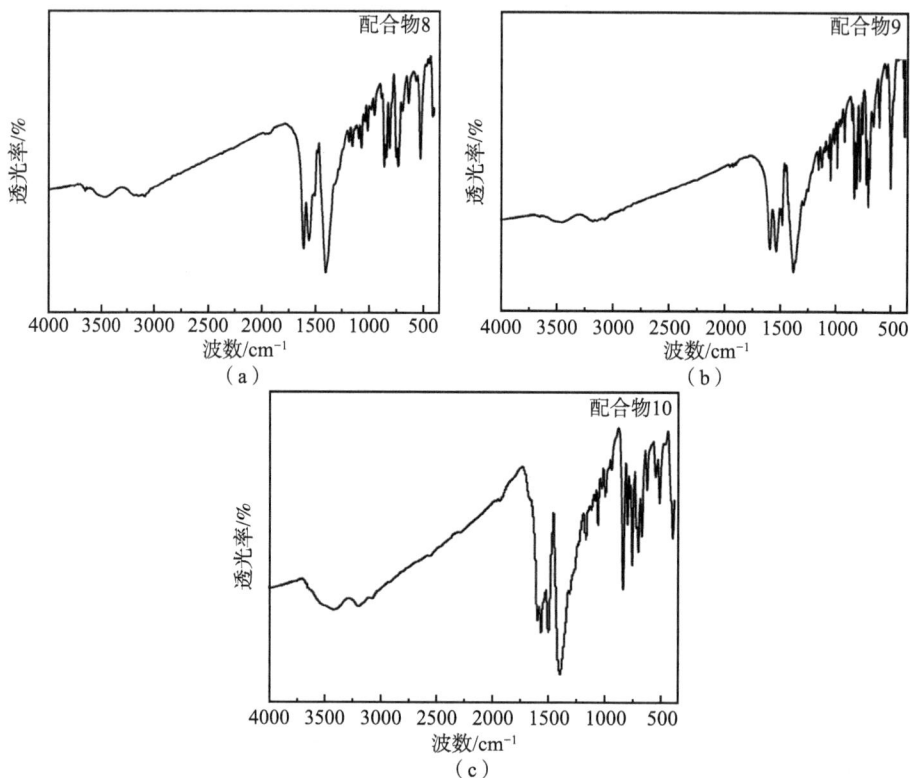

图 4.2 （a）~（c）配合物 8~10 的 FT-IR 谱图

4.2.6 荧光检测实验

将研磨均匀的粉末样品 5 mg 分散于 3 mL 不同的有机溶剂中浸泡 12 h，然后用超声处理 30 min，静置形成稳定的悬浊液，测定该悬浊液的荧光性质。使用的有机溶剂分别为 N, N- 二甲基甲酰胺（DMF）、N, N- 二甲基乙酰胺（DMA）、乙醇（EtOH）、三氯甲烷（$CHCl_3$）、甲醇（MeOH）、H_2O、乙腈（CH_3CN）、二氯甲烷（CH_2Cl_2）、丙酮、异丙醇（IPA）、二甲基亚砜（DMSO）和四氯化碳（CCl_4）。对于金属离子和硝基化合物的荧光传感实验，我们将不同种类的金属离子和硝基化合物配制成浓度分别为 0.001 mol/L 和 1 mg/L 的溶液，滴入不同体积的该溶液至以上悬浊液中，观察荧光变化。

4.3 结果与讨论

4.3.1 晶体结构的测定与晶体学数据

选择晶体大小分别为 0.156 mm×0.123 mm×0.079 mm（配合物 8）、0.243 mm×0.207 mm×0.114 mm（配合物 9）和 0.135 mm×0.129 mm×0.051 mm（配合物 10）的单晶，在 Bruker SMART Apex Ⅱ 衍射仪上室温条件下用 Mo K_α（λ=0.71073 Å）射线进行衍射数据收集。采用 Lp 因子校正衍射强度数据，直接法全矩阵解出晶体结构，配合物 8～10 的结构数据列于表 4.2。

表 4.2　配合物 8～10 的晶体学参数

配合物	8	9	10
分子式	$C_{56}H_{32}Eu_2N_8O_{13}$	$C_{28}H_{15}N_4O_8Tb$	$C_{34}H_{20.50}EuN_4O_7$
相对分子量	1328.82	694.36	749.00
晶系	单斜	单斜	三斜
空间群	$C2/c$	$C2/c$	$P\text{-}1$
a/Å	24.2376（15）	24.0771（12）	9.6170（12）
b/Å	11.2547（7）	11.1929（6）	11.2343（13）
c/（Å）	20.0571（12）	20.0548（11）	14.6852（17）
α/（°）	90	90	82.526（2）
β/（°）	95.3860（10）	95.5160（10）	84.202（2）
γ/（°）	90	90	83.670（2）
V/Å³	5447.2（6）	5379.6（5）	1557.5（3）
Z	4	8	2
D_{calc}/g·cm⁻³	1.620	1.715	1.662
μ（Mo K_α）/mm⁻¹	2.353	2.687	2.077
F（000）	2616	2720	772
衍射点收集	14607	14533	8588

续表

配合物	8	9	10
独立衍射点	5386	5312	6053
数据限制性参数	358	390	433
基于 F_2 的 GOF 值	1.066	1.027	1.095
R_1 $[I > 2\sigma(I)]$	0.0341	0.0323	0.0584
ωR_2（全部数据）	0.0944	0.0697	0.1548

注：$R_1 = \Sigma (|F_o| - |F_c|) / \Sigma |F_o|$；$\omega R_2 = [\Sigma w(|F_o| - |F_c|)^2 / \Sigma w F_o^2]^{1/2}$；$[F_o > 4\sigma(F_o)]$。

4.3.2 X 射线单晶结构分析

配合物 8～10 的部分键长和键角分别列于表 4.3 至表 4.5 中。

表 4.3　配合物 8 的部分键长和键角

键长 /Å			
Eu-O（6）[#6]	2.335（4）	Eu-O（2）[#4]	2.362（4）
Eu-O（1）[#7]	2.518（4）	Eu-O（2）[#7]	2.608（4）
键角 /（°）			
O（6）[#6]-Eu-O（5）	136.53（13）	O（6）[#6]-Eu-O（2）[#4]	77.07（13）
O（5）-Eu-O（2）[#4]	74.82（13）	O（6）[#6]-Eu-O（3）	132.89（14）
O（5）-Eu-O（3）	76.59（13）	O（2）[#4]-Eu-O（3）	149.26（13）
O（6）[#6]-Eu-O（1）[#7]	73.89（14）	O（5）-Eu-O（1）[#7]	95.15（15）
O（2）[#4]-Eu-O（1）[#7]	123.54（12）	O（3）-Eu-O（1）[#7]	70.00（14）
O（6）[#6]-Eu-O（4）	91.70（13）	O（5）-Eu-O（4）	128.03（13）
O（2）[#4]-Eu-O（4）	149.40（12）	O（3）-Eu-O（4）	52.59（13）
O（1）[#7]-Eu-O（4）	78.70（12）	O（6）[#6]-Eu-N（1）	138.99（13）
O（5）-Eu-N（1）	72.89（14）	O（2）[#4]-Eu-N（1）	89.20（14）
O（3）-Eu-N（1）	71.70（14）	O（1）[#7]-Eu-N（1）	141.58（14）
O（4）-Eu-N（1）	80.78（14）	O（6）[#6]-Eu-O（2）[#7]	74.47（12）
O（5）-Eu-O（2）[#7]	66.86（13）	O（2）[#4]-Eu-O（2）[#7]	75.58（13）
O（3）-Eu-O（2）[#7]	103.15（12）	O（1）[#7]-Eu-O（2）[#7]	50.51（12）
O（4）-Eu-O（2）[#7]	129.17（12）	N（1）-Eu-O（2）[#7]	139.39（13）

续表

键角 /（°）			
O（6）#6-Eu-N（2）	76.85（13）	O（5）-Eu-N（2）	125.56（14）
O（2）#4-Eu-N（2）	75.32（13）	O（3）-Eu-N（2）	113.69（14）
O（1）#7-Eu-N（2）	139.24（14）	O（4）-Eu-N（2）	74.42（13）

对称代码：#2 $-x+3/2$, $-y+3/2$, $-z+2$；#3 $-x+1$, y, $-z+3/2$；#4 $-x+3/2$, $-y+3/2$, $-z+1$；#6 x, $y-1$, z；#7 $x-1/2$, $-y+3/2$, $z+1/2$。

表4.4　配合物9的部分键长和键角

键长 /Å			
Tb-O（6）#6	2.307（3）	Tb-O（1）#4	2.333（3）
Tb-O（1）#7	2.610（3）	Tb-O（2）#7	2.495（3）

键角 /（°）			
O（6）#6-Tb-O（5）	136.54（10）	O（6）#6-Tb-O（1）#4	77.59（11）
O（5）-Tb-O（1）#4	75.11（11）	O（6）#6-Tb-O（4）	132.85（11）
O（5）-Tb-O（4）	75.98（11）	O（1）#4-Tb-O（4）	148.77（11）
O（6）#6-Tb-O（3）	90.94（11）	O（5）-Tb-O（3）	128.36（10）
O（1）#4-Tb-O（3）	149.10（10）	O（4）-Tb-O（3）	53.37（10）
O（6）#6-Tb-O（2）#7	73.98（11）	O（5）-Tb-O（2）#7	94.36（12）
O（1）#4-Tb-O（2）#7	124.02（10）	O（4）-Tb-O（2）#7	69.74（11）
O（3）-Tb-O（2）#7	78.46（10）	O（6）#6-Tb-N（2）	139.24（11）
O（5）-Tb-N（2）	73.24（11）	O（1）#4-Tb-N（2）	88.96（11）
O（4）-Tb-N（2）	71.55（11）	O（3）-Tb-N（2）	81.19（11）
O（2）#7-Tb-N（2）	141.17（12）	O（6）#6-Tb-O（1）#7	74.39（10）
O（5）-Tb-O（1）#7	66.48（10）	O（1）#4-Tb-O（1）#7	75.59（10）
O（4）-Tb-O（1）#7	103.19（10）	O（3）-Tb-O（1）#7	129.19（9）
O（2）#7-Tb-O（1）#7	50.81（9）	N（2）-Tb-O（1）#7	139.28（10）
O（6）#6-Tb-N（1）	76.67（11）	O（5）-Tb-N（1）	126.35（12）
O（1）#4-Tb-N（1）	75.10（11）	O（4）-Tb-N（1）	114.10（11）
O（3）-Tb-N（1）	74.35（11）	O（2）#7-Tb-N（1）	139.23（12）
N（2）-Tb-N（1）	62.66（11）	O（1）#7-Tb-N（1）	142.37（10）

对称代码：#4 $-x+3/2$, $-y+1/2$, $-z+2$；#6 $-x+2$, $y-1$, $-z+3/2$；#7 $x+1/2$, $-y+1/2$, $z-1/2$。

表 4.5 配合物 10 的部分键长和键角

键长 /Å			
Eu-O（2）	2.273（5）	Eu-O（1）	2.325（5）
Eu-O（4）	2.403（5）	Eu-O（5）	2.410（6）
Eu-O（3）	2.439（6）	Eu-N（2）	2.522（6）
Eu-O（6）	2.535（6）	Eu-N（1）	2.565（6）
键角 /（°）			
O（2）-Eu-O（1）	91.0（2）	O（2）-Eu-O（4）	80.9（2）
O（1）-Eu-O（4）	86.4（2）	O（2）-Eu-O（5）	106.4（2）
O（1）-Eu-O（5）	153.4（2）	O（4）-Eu-O（5）	76.9（2）
O（2）-Eu-O（3）	133.4（2）	O（1）-Eu-O（3）	77.2（2）
O（4）-Eu-O（3）	53.8（2）	O（5）-Eu-O（3）	76.2（2）
O（2）-Eu-N（2）	147.3（2）	O（1）-Eu-N（2）	91.1（2）
O（4）-Eu-N（2）	131.8（2）	O（5）-Eu-N（2）	84.9（2）
O（3）-Eu-N（2）	78.7（2）	O（2）-Eu-O（6）	84.70（19）
O（1）-Eu-O（6）	152.20（19）	O（4）-Eu-O（6）	119.8（2）
O（5）-Eu-O（6）	52.1（2）	O（3）-Eu-O（6）	124.6（2）
N（2）-Eu-O（6）	78.5（2）	O（1）-Eu-N（1）	84.6（2）
O（1）-Eu-N（1）	76.16（19）	O（4）-Eu-N（1）	157.1（2）
O（5）-Eu-N（1）	124.5（2）	O（3）-Eu-N（1）	133.4（2）
N（2）-Eu-N（1）	64.4（2）	O（6）-Eu-N（1）	76.10（19）

对称代码：#1 $-x-1$，$-y$，$-z$；#2 $x-1$，$y-1$，z；#3 $-x$，$-y+2$，$-z-1$；#4 $-x+1$，$-y$，$-z-1$。

4.3.2.1 配合物 8 的晶体结构分析

单晶结构分析表明：配合物 8 隶属于单斜晶系，$C2/c$ 空间群。如图 4.3 所示，它的不对称结构单元中包括 1 个晶体独立的 Eu（Ⅲ）离子、1 个 NCP⁻ 配体、1 个 1，4-bdc²⁻ 配体和 1 个 1/2 占位的游离水分子。金属中心 Eu（Ⅲ）离子属于九配位模式，每个金属中心的配位点被 2 个氮原子和 7 个氧原子所占据，其中 2 个氮原

子分别来自 μ_3-COO⁻ 桥连的 NCP⁻ 配体上的 ［N（1），N（2）］，7 个氧原子分别来自 μ_3-COO⁻ 桥连的 1，4-bdc²⁻ 配体上的 ［O（3），O（4），O（5），O（6）[#6]，对称代码：#6 x，y-1，z］和 3 个 μ_3-COO⁻ 桥连的 NCP⁻ 配体上 ［O（1）[#7]，O（2）[#4]，O（2）[#7]，对称代码：#4 $-x$+3/2，$-y$+3/2，$-z$+1；#7 x-1/2，$-y$+3/2，z+1/2］，最终形成了一个扭曲的多面体环境。另外，NCP⁻ 与 1，4-bdc²⁻ 配体的配位模式如图 4.4 所示。在整个框架结构中，首先，每个 NCP⁻ 配体连接 3 个 Eu（Ⅲ）离子形成一维双链结构 ［图 4.5（a）］；其次，相邻的一维双链以 ［图 4.4（b）］配位模式的 1，4-bdc²⁻ 配体连接形成沿着 b 轴的无限二维层状结构 ［图 4.5（b）］；最后，相邻的层中以 ［图 4.4（c）］配位模式的 1，4-bdc²⁻ 配体连接形成三维超分子结构 ［图 4.5（c）］。此外，分子间氢键 ［N（3）-H（3）…O（4）[#8] 2.14 Å，172.5°，对称代码：#8 $-x$+3/2，y+1/2，$-z$+3/2］的存在进一步稳定

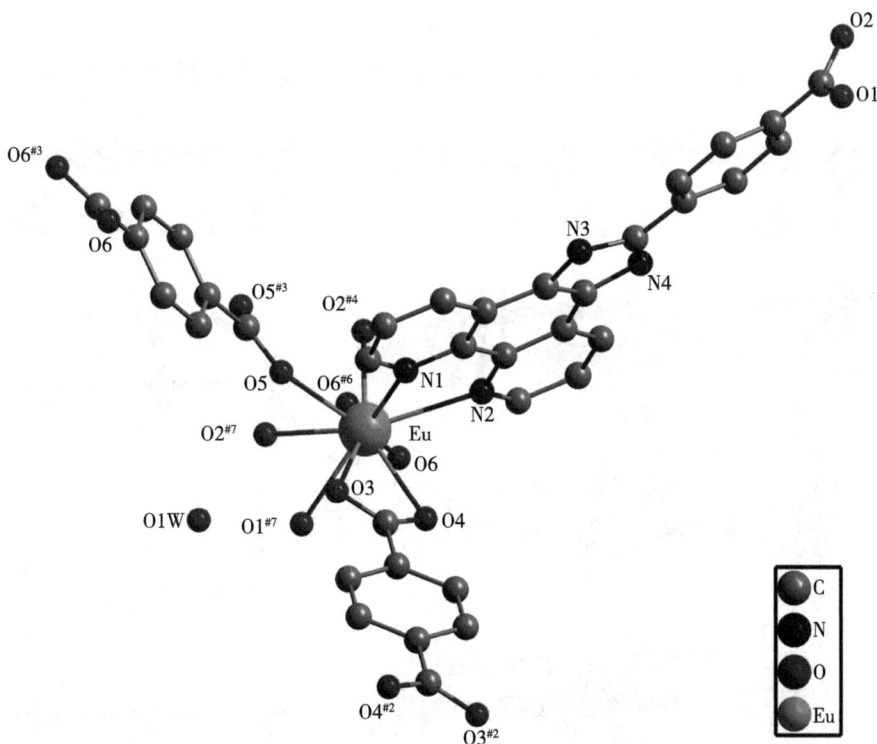

图 4.3 配合物 8 的中心金属配位图（为便于观察，氢原子未画出）
（对称代码：#2 $-x$+3/2，$-y$+3/2，$-z$+2；#3 $-x$+1，y，$-z$+3/2；#4 $-x$+3/2，$-y$+3/2，$-z$+1；#6 x，y-1，z；#7 x-1/2，$-y$+3/2，z+1/2）

了骨架的结构。从拓扑的观点来看，如果双核 Eu（Ⅲ）中心被视为 6- 连接的节点，相邻的 4-NCP⁻ 配体和 1，4-bdc²⁻ 配体分别作为连接体（图 4.6），则三维超分子结构可视为 6- 连接的网络，拓扑符号为 $4^{12} \cdot 6^3$，属于经典 pcu 拓扑。最后，这 2 组三维经典的 pcu 网络彼此相互渗透形成 2 重穿插的拓扑结构（图 4.7）。

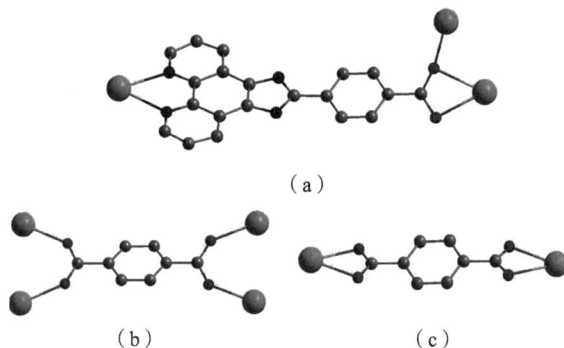

（a）

（b）　　　　　　　　（c）

图 4.4　配合物 8 中 4-HNCP（a）和 1，4-bdc²⁻（b，c）配体的配位模式图

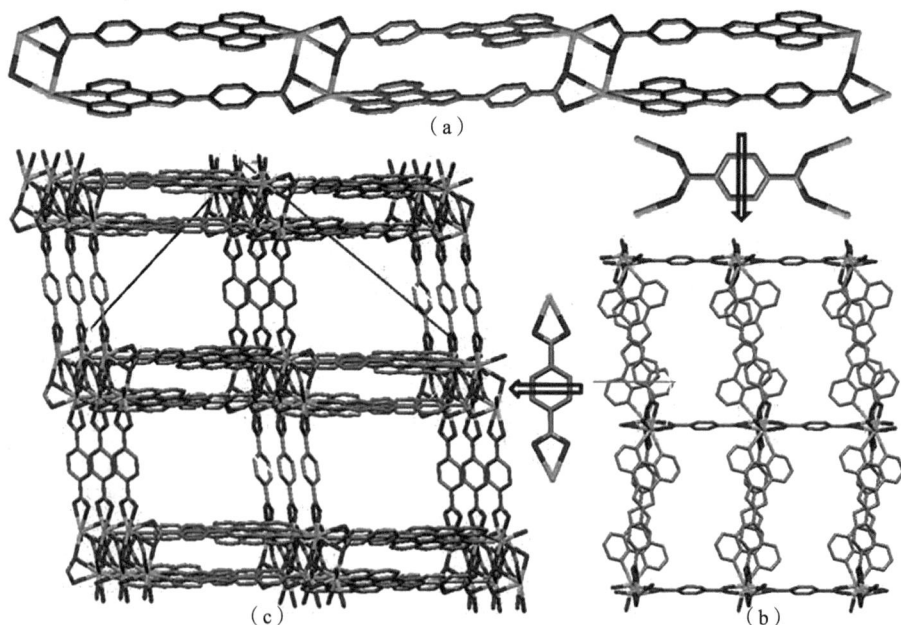

（a）

（c）　　　　　　　　（b）

图 4.5　（a）配合物 8 的一维双链结构；（b）配合物 8 以图 4.4（b）配位模式的 1，4-bdc²⁻
配体连接形成的二维层状结构；（c）配合物 8 的三维超分子结构

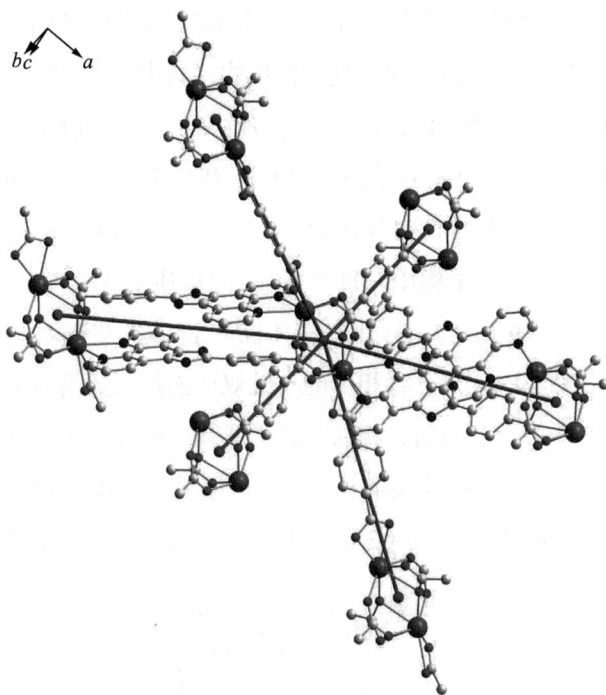

图 4.6 　配合物 8 中相邻的 4-NCP⁻ 配体和 1，4-bdc²⁻ 配体分别作为连接体形成的双核结构

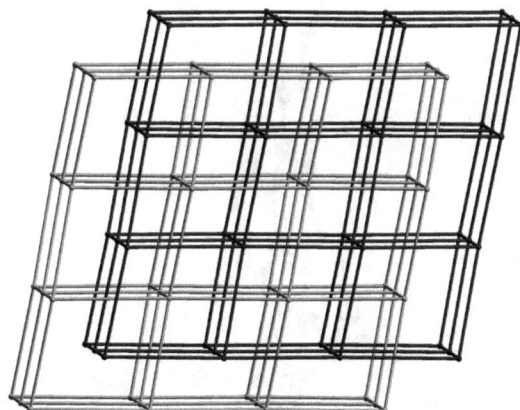

图 4.7 　配合物 8 的三维经典 pcu 网络彼此相互渗透形成 2 重穿插结构

4.3.2.2　配合物 9 的晶体结构分析

　　单晶结构分析表明：配合物 9 隶属于单斜晶系，$C2/c$ 空间群。如图 4.8 所示，它的不对称结构单元中包括 1 个晶体独立的 Tb（Ⅲ）离子、1 个 NCP⁻ 配

体、2个1, 4-bdc^{2-}配体、2个1/2占位、1个1/5占位和1个4/5占位的游离水分子。金属中心Tb（Ⅲ）离子属于九配位模式，其中2个氮原子分别来自双齿螯合的NCP$^-$配体上的[N（1），N（2）]，7个氧原子分别来自1, 4-bdc^{2-}配体的羧基基团[O（3），O（4），O（5），O（6）]和2个NCP$^-$配体的羧基基团[O（1）$^{\#4}$，O（1）$^{\#7}$，O（2）$^{\#7}$，对称代码：#4 $-x+3/2$，$-y+1/2$，$-z+2$；#7 $x+1/2$，$-y+1/2$，$z-1/2$]。在整个结构中，每个NCP$^-$配体连接3个Tb（Ⅲ）离子形成一维双链结构[图4.9（a）]；另外，1, 4-bdc^{2-}配体的羧基基团采取了单齿桥连的配位模式[图4.4（b）]，将相邻的一维双链连接形成沿着b轴的无限二维双层结构[图4.9（b）]；最后，相邻的二维层状结构以双齿螯合配位模式[图4.4（c）]的1, 4-bdc^{2-}配体连接形成三维超分子结构[图4.9（c）]。此外，分子间氢键[N（4）-H（4）···O（3）$^{\#8}$ 2.12 Å，172.2°，对称代码：#8 $-x+3/2$，

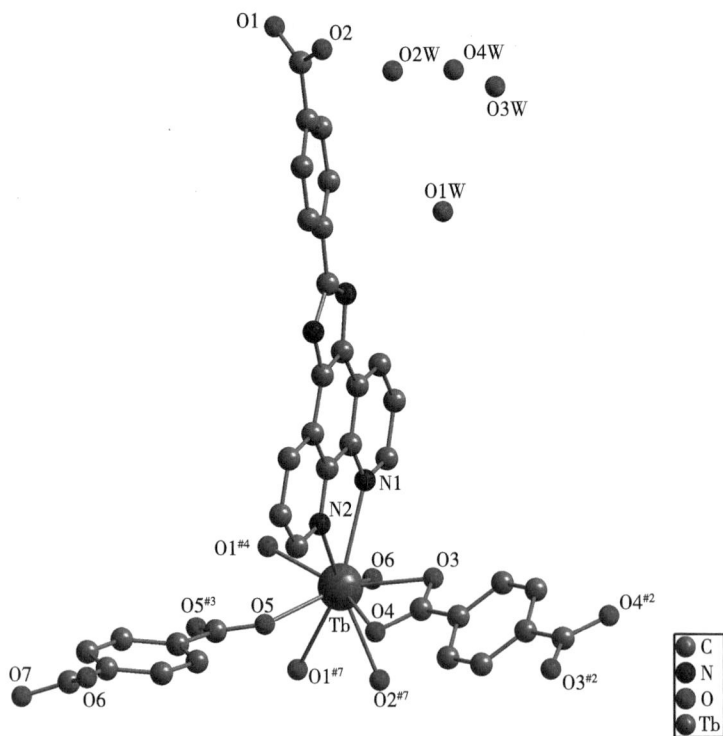

图4.8　配合物9的中心金属配位图（为便于观察，氢原子未画出）
（对称代码：#2 $-x+3/2$，$-y+1/2$，$-z+1$；#3 $-x+2$，y，$-z+3/2$；#4 $-x+3/2$，$-y+1/2$，$-z+2$；#7 $x+1/2$，$-y+1/2$，$z-1/2$）

$y+1/2$，$-z+3/2$］的存在进一步稳定了骨架的结构。从拓扑的观点来看，如果双核 Tb（Ⅲ）中心被视为 6- 连接的节点，相邻的 4-NCP⁻ 配体和 1, 4-bdc²⁻ 配体分别作为连接体（图 4.10），则简化的三维网络结构互相穿插形成与配合物 8 同样的拓扑结构。

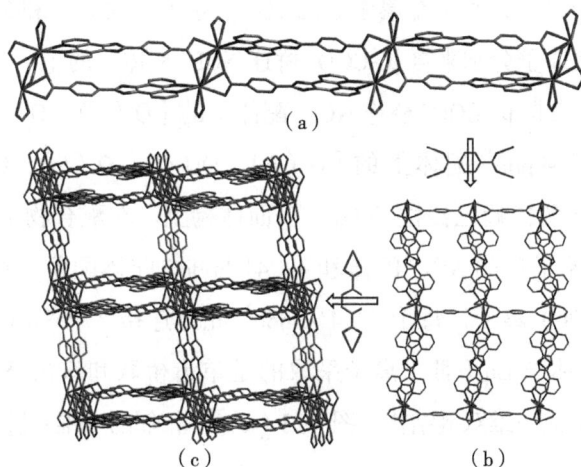

（a）

（c）　　　　　（b）

图 4.9　（a）配合物 9 的一维双链结构；（b）配合物 9 以配位模式图 4.4（b）的 1, 4-bdc²⁻ 配体连接形成的二维层状结构；（c）配合物 9 的三维超分子结构

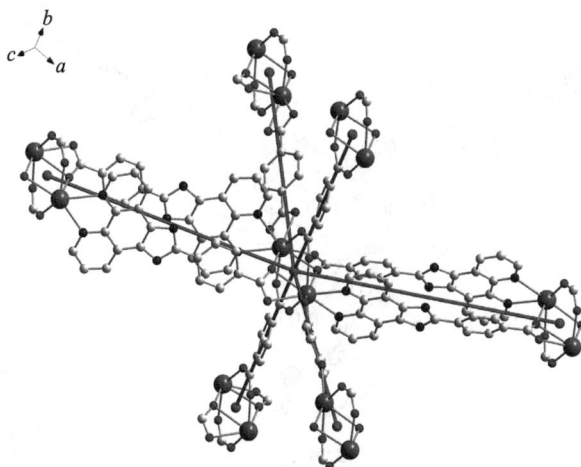

图 4.10　配合物 9 中相邻的 4-NCP⁻ 配体和 1, 4-bdc²⁻ 配体分别作为连接体形成的双核结构

4.3.2.3 配合物 10 的晶体结构分析

单晶结构分析表明：配合物 10 隶属于三斜晶系，P-l 空间群。如图 4.11 所示，它的不对称结构单元中包括 1 个晶体独立的 Eu（Ⅲ）离子、1 个 NCP⁻ 配体、1 个 4，4′-bpdc²⁻ 配体和 3 个 1/4 占位的游离水分子。金属中心 Eu（Ⅲ）离子属于八配位模式，每个金属中心的配位点被 6 个氧原子和 2 个氮原子所占据，其中 2 个氮原子分别来自 μ₃-COO⁻ 桥连 NCP⁻ 配体上的 [N（1），N（2）]，6 个氧原子分别来自 μ₃-COO⁻ 桥连 NCP⁻ 配体上的 [O（1），O（2）] 和 2 个 μ₃-COO⁻ 桥连 4，4′-bpdc²⁻ 配体上的 [O（3），O（4），O（5），O（6）]，最终形成了一个扭曲的二帽三棱柱 EuO₆N₂ 多面体构型。在配合物 10 中，Eu（Ⅲ）离子与被完全质子化的 NCP⁻ 配体和 4，4′-bpdc²⁻ 配体配位，每个 NCP⁻ 配体连接 3 个 Eu（Ⅲ）离子，每个 4，4′-bpdc²⁻ 配体连接 2 个 Eu（Ⅲ）离子，其中每个 NCP⁻ 配体与 Eu（Ⅲ）离子采取的是单齿桥联和双齿螯合的配位方式 [图 4.12（a）] 形成一维双链结构 [图 4.13（a）]；相邻的一维双链由 4，4′-bpdc²⁻

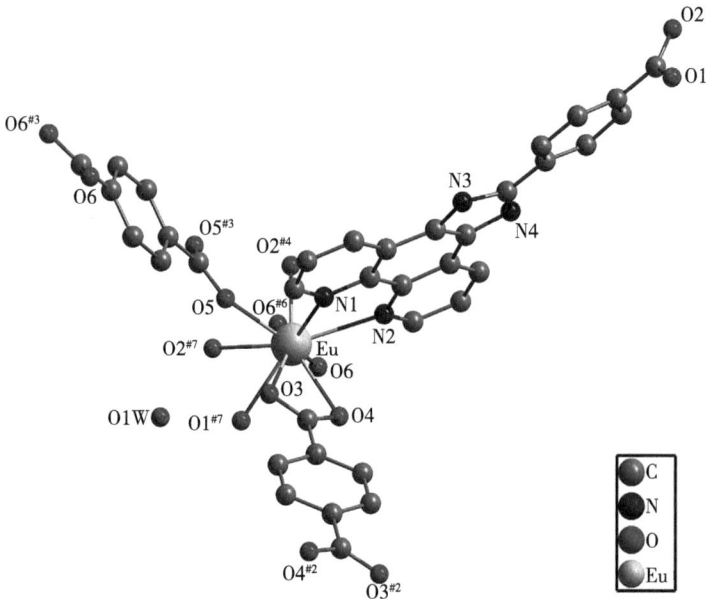

图 4.11 配合物 10 的中心金属配位图（为便于观察，氢原子未画出）
（对称代码：#1 −x−1，−y，−z；#2 x−1，y−1，z；#3 −x，−y+2，−z−1；
#4 −x+1，−y，−z−1）

配体以双齿螯合配位方式连接［图 4.12（b）］并进一步形成二维蜂窝层状菱形网络［图 4.13（b）］；将图 4.13（b）旋转 90° 可以得到非常有趣的二维层状结构［图 4.13（c）］；最后，4,4′-bpdc^{2-} 阴离子配体作为一个双齿配体将上述的二维层状结构扩展形成三维超分子结构［图 4.13（d）］。此外，NCP$^-$ 配体的 -NH-

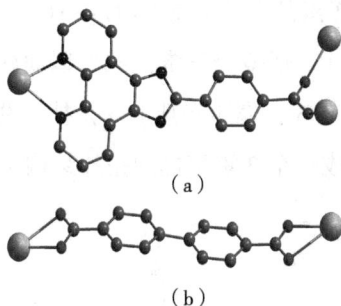

图 4.12　配合物 10 中 4-HNCP（a）和 4,4′-H$_2$bpdc（b）配体的配位模式图

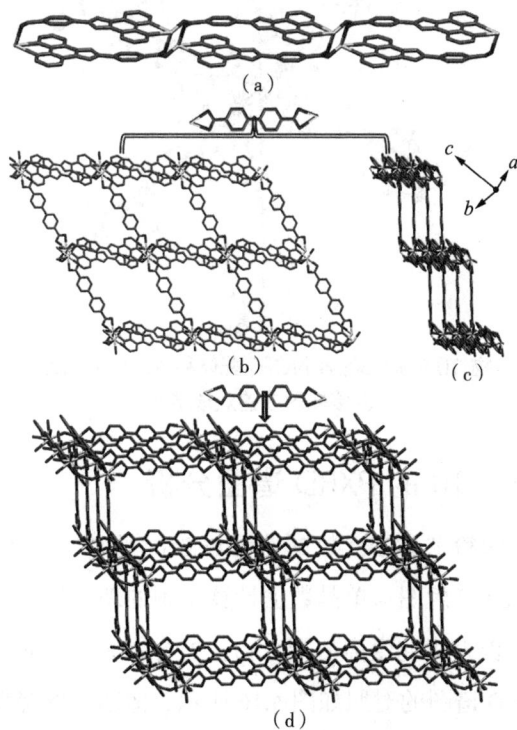

图 4.13　（a）配合物 10 的一维双链结构；（b）配合物 10 中 4,4′-bpdc^{2-} 配体以双齿螯合配位方式连接形成二维层状结构；（c）将图 4.12（b）旋转 90° 得到配合物 10 的二维层状结构；（d）配合物 10 的三维超分子结构

基团和 4，4′-bpdc^{2-} 阴离子配体的氧原子之间形成氢键［N（3）-H（3A）…O（6）$^{#6}$，对称代码：#6 $-x$，$-y$，$-z$］，在配合物 10 中稳定骨架结构和进一步形成三维超分子结构起着关键性作用。值得注意的是，Eu（Ⅲ）离子金属中心还具有一个由羧基连接的双核特征。从拓扑的观点来看，双核 Eu（Ⅲ）离子金属中心也可以被视为 6- 连接的节点，相邻的 4-NCP$^-$ 配体和 4，4′-bpdc^{2-} 配体分别作为连接体（图 4.14），则整个三维框架可以简化为具有 pcu 拓扑的 6- 连接的网络，拓扑符号为 $4^{12} \cdot 6^3$，属于经典 pcu 拓扑。并且这 3 个相同的 6- 连接的网络相互渗透，最终形成一个 3 重穿插的拓扑结构（图 4.15）。

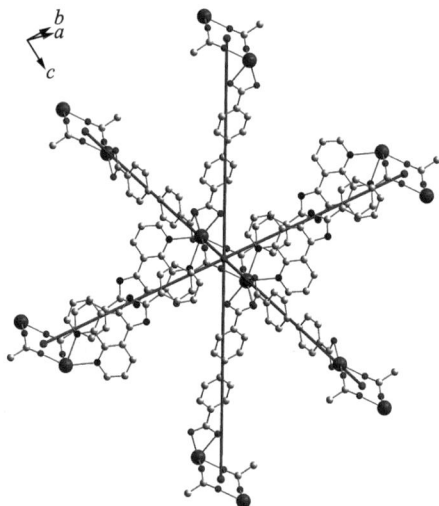

图 4.14　配合物 10 中相邻的 4-NCP$^-$ 配体和 4，4′-bpdc^{2-} 配体分别作为连接体形成的双核结构

4.3.3　配合物 8～10 的 PXRD 谱图分析

配合物 8～10 的粉末 PXRD 数据是在 PC2500 型 X 射线衍射仪上测定，通过测定得到的 PXRD 衍射图与单晶数据计算得到的理论衍射图进行对比，从而判断合成的晶体是否为相纯度高的配合物。配合物 8～10 的单晶数据计算出的理论衍射图和 PXRD 谱图的对照如图 4.16 所示，谱图中的峰型基本能够达到一致，配合物的 PXRD 理论值与实验测定值能够较为理想的吻合，说明配合物 8～10 较多量存在时仍然是纯相。

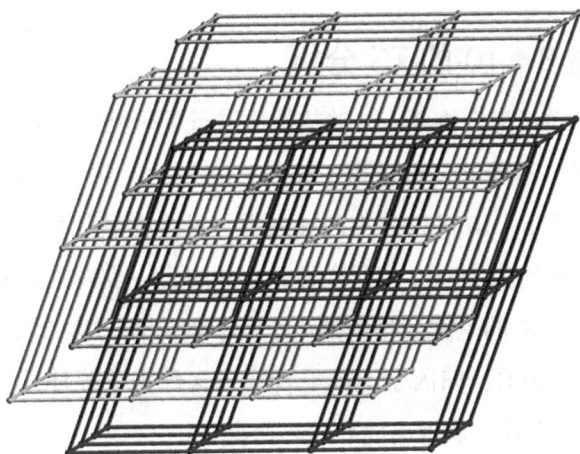

图 4.15　配合物 10 的拓扑符号为 $4^{12} \cdot 6^3$ 的 3 重穿插三维超分子拓扑结构

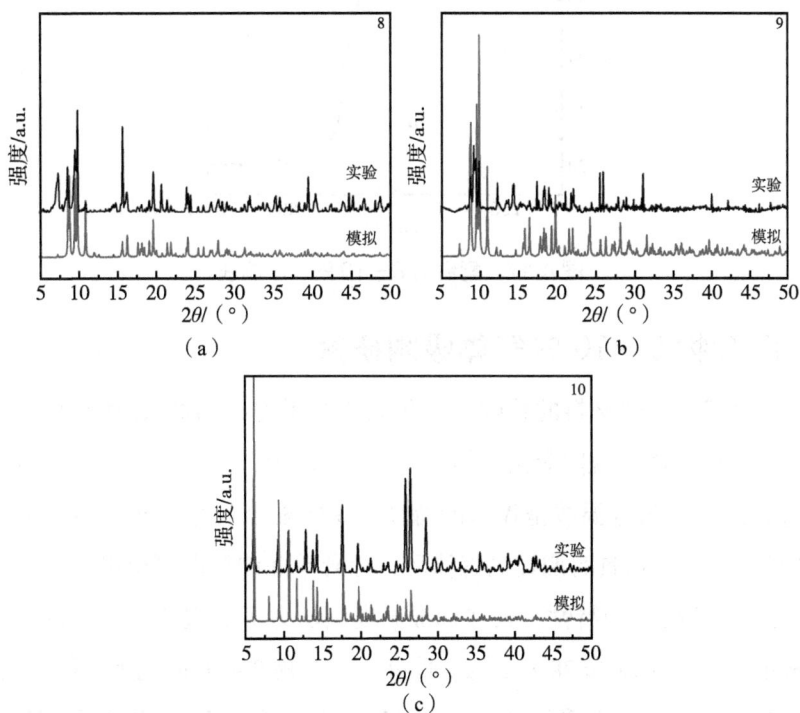

图 4.16　配合物 8～10 的 PXRD 谱图

4.3.4 配合物 8~10 的 TG 分析

在氮气气氛中对配合物 8~10 的热性质进行了研究，TGA 曲线表明在 50~1000℃范围显现出不同的失重过程，如图 4.17 所示。从 3 种配合物的 TG 曲线可以看出，配合物 8~10 可以分为两段失重，最终样品几乎完全燃烧（分解后留下的金属氧化物约为 25%）。配合物 8~10 的第一段失重分别开始于 104℃、108℃和 110℃，对应的是配合物中游离水分子的失去。第二段失重分别发生在 500℃、505℃和 520℃，归因于不同配合物中 2 种主要配体的分解。通过以上数据分析，3 种配合物均表现出优异的热稳定性。

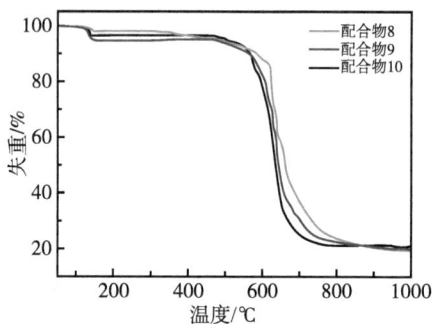

图 4.17　配合物 8~10 的 TG 曲线

4.3.5 配合物 8~10 的气体吸附研究

为了考察该系列材料的孔隙度，我们研究了配合物对 N_2 和 CO_2 的吸附性能。样品的 N_2 吸附—脱附等温线如图 4.18 所示。配合物 8~10 在 77 K 和 1 atm 下的 N_2 吸附—脱附等温线呈 IV 型的特征，说明配合物存在介孔甚至是大孔结构，并且这些配合物具有明显的迟滞环，综合单晶结构图可得出结论，配合物 8~10 具有介孔材料的特性，其在标准温度和压力下的饱和氮气吸附量分别为 13.6 cm^3/g、18.7 cm^3/g 和 78.7 cm^3/g。此外，配合物 8~10 的比表面积（S_{BET}）分别为 19.6 m^2/g、24.9 m^2/g 和 61.8 m^2/g，总气体吸收量（N_{total}）也可通过计算获得：$N_{total} = N_{excess} + \rho_{bulk} V_{pore}$，其中 ρ_{bulk} 等于测量温度和压力下压缩气体的密度，V_{pore} 由 N_2 吸附—脱附等温线得到。通过比较高比表面积的配合物 10 将有着高于该体系其他配合物的吸附活性。同时，较大的 BET 比表面积可以提供更多的吸附活性位点，将促进吸附剂与有机污染物更为有效地接触并反应，进而有利于提高吸附性能，除去环境中的有害物质。

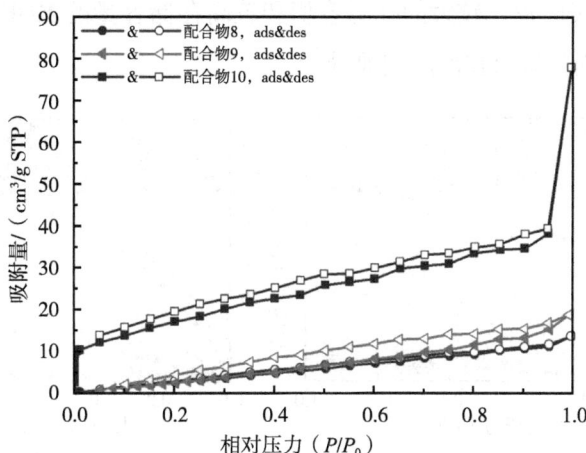

图 4.18　配合物 8～10 在 77 K 时的 N_2 吸附—脱附等温线

　　通常，具有大的比表面积和大的孔隙体积的多孔材料具有很强的吸附能力。受此因素的启发，对 CO_2 在 1 atm 压力下，273 K 和 298 K 条件下的吸附行为进行了探究。在测量之前，将约 100 mg 晶体放置在 25℃的动态真空下 12 h 以获得预处理产物。如图 4.19 所示，CO_2 的最大吸附量呈线性增长趋势，不同温度下对于配合物 8 的 CO_2 最大吸附容量分别为 6.3 cm^3/g、4.0 cm^3/g，配合物 9 的 CO_2 最大吸附容量分别为 4.3 cm^3/g、3.8 cm^3/g，配合物 10 的 CO_2 最大吸附容量分别为 32.3 cm^3/g、28.6 cm^3/g。另外，在 1 atm 压力下，273 K 和 298 K 条件下测量了 N_2 的吸附—脱附等温线。在 1 atm 压力下，配合物 8～10 在 273 K 条件下 N_2 的吸附容量分别为 2.8 cm^3/g、1.4 cm^3/g 和 15.7 cm^3/g［图 4.19（a）］，而在 298 K 条件下分别为 1.4 cm^3/g、0.6 cm^3/g 和 7.3 cm^3/g［图 4.19（b）］。通过以上数据显示，配合物 10 在不同温度下的 CO_2 和 N_2 吸附量明显高于配合物 8 和配合物 9，这与其他 MOFs 材料相比也有了显著的提高[165]。同时，3 种配合物在 273 K 和 298 K 时表现出对 CO_2 具有较高的选择性，这可能归因于 CO_2 的极化率和显著的四极矩（-1.4×10^{-39} cm^2），导致 CO_2 与该框架间产生强烈的相互作用[166]。有趣的是，CO_2 的吸附—脱附等温线呈现典型的Ⅳ型特征，吸附量在开始时逐渐增加并达到一个高峰，然后突然解吸，导致明显的吸附滞后，这可能是由配合物的柔性主体框架引起的[167]。因此，通过以上对吸附性能的分析，具有较高的比表面积、较大的孔隙容积和较高存储容量的 MOFs 材料，在选择性气体分离方面具有潜在的应用前景[168]。

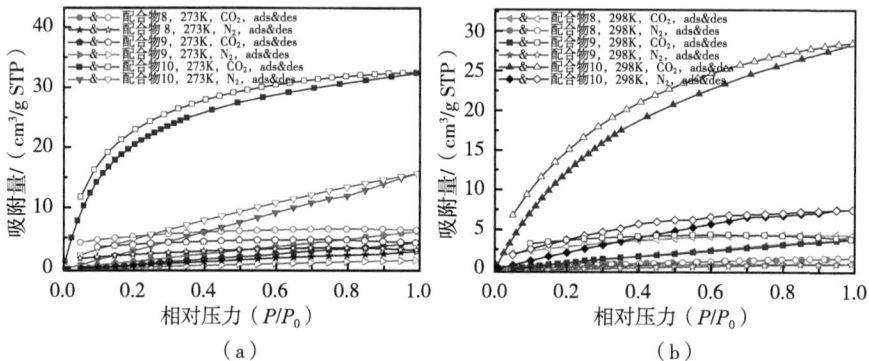

图 4.19 （a）配合物 8～10 在 273 K 时 CO_2 和 N_2 的吸附—脱附等温线；
（b）配合物 8～10 在 298 K 时 CO_2 和 N_2 的吸附—脱附等温线

4.3.6 配合物 8～10 的固体荧光分析

众所周知，配体敏化镧系（Ⅲ）配合物通常具有特征性的光致发光性质，因此我们研究了配合物 8～10 的固态荧光光谱。室温下配合物 8 和配合物 9 的发射光谱如图 4.20（a）所示，是相对于文献中 Eu 基配合物可见发射光谱的典型代表。在 376 nm 和 377 nm 的激发波长下观察到 Eu^{3+} 的 3 个特征发射峰，分别归属于 $^5D_0 \rightarrow {}^7F_1$、$^5D_0 \rightarrow {}^7F_2$ 和 $^5D_0 \rightarrow {}^7F_3$ 跃迁（配合物 8 在 596 nm、622 nm 和 698 nm 处产生特征峰；配合物 10 在 597 nm、621 nm 和 699 nm 处产生特征峰）。两种铕配合物的最强峰值分别出现在 622 nm 和 621 nm 处。在 365 nm 激发下，配合物 9 在可见区产生 Tb^{3+} 的特征发射峰 [图 4.20（b）]，分别在 492 nm、546 nm、593 nm 和 618 nm 处达到峰值，这 4 个特征峰分别归属于 $^5D_4 \rightarrow {}^7F_6$、$^5D_4 \rightarrow {}^7F_5$、$^5D_4 \rightarrow {}^7F_4$ 和 $^5D_4 \rightarrow {}^7F_3$ 的跃迁。其中，波长约 618 nm 的特征峰强度最强。值得注意的是，Eu^{3+} 或 Tb^{3+} 配合物的发射强度、最强峰值和峰分裂的差异可归因于 3 种配合物中不同配体的不同能级，因此能量转移效率不同，表现在强度和峰值上的不同。

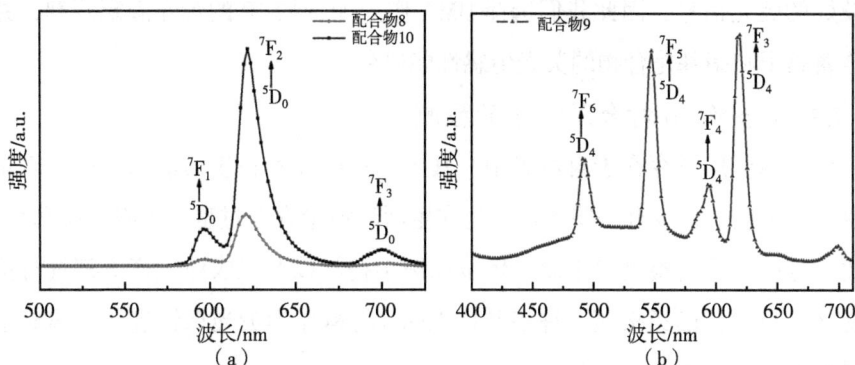

图 4.20　室温下配合物 8~10 的荧光发射光谱

4.3.7　配合物 10 的荧光传感性能研究

4.3.7.1　配合物 10 对不同有机溶剂的检测

配合物 10 优异的多孔性和固态发光特性促使我们进一步探索其对有机溶剂小分子的潜在荧光传感能力。我们测试了配合物 10 样品分散在不同有机溶剂中所形成的悬浮液的荧光光谱［图 4.21（a）］，在 377 nm 波长下进行激发，配合物 10 在不同有机溶剂中分别在 597 nm、621 nm 和 699 nm 处产生特征发射峰，分别归属于 $^5D_0 \rightarrow {^7F_1}$、$^5D_0 \rightarrow {^7F_2}$ 和 $^5D_0 \rightarrow {^7F_3}$ 跃迁。通过比较配合物 10 在不同浸泡溶剂中 $^5D_0 \rightarrow {^7F_2}$ 的跃迁强度，可以清晰地看到所浸泡的溶剂分子不同导致荧光强度均有差别［图 4.21（b）］，这表明金属有机骨架材料和不同溶剂之间发生相互作用。此外，从图 4.21（b）中可以看出配合物 10 在 DMA 溶剂中表现

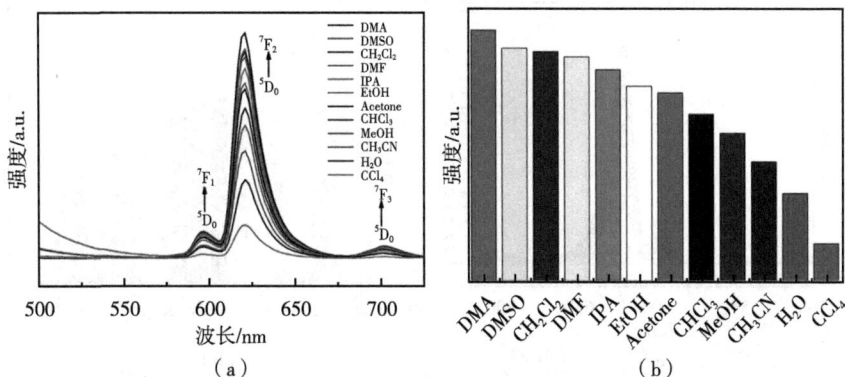

图 4.21　在 371 nm 激发下，配合物 10 与不同溶剂混合时的（a）发射光谱和（b）
$^5D_0 \rightarrow {^7F_2}$ 跃迁对应的荧光强度

出较好的荧光信号，因此我们选择 DMA 作为配合物 10 的荧光滴定溶剂，并进行金属离子和硝基化合物的荧光传感性能研究。

4.3.7.2 配合物 10 对金属离子的检测

金属离子广泛存在于自然界中，其中的一些元素在生命活动中扮演着重要角色，不可或缺，也有一些元素因为在生活环境中存在过量，引发困扰和疾病。因此，这些物质的检测对生命、环境和医学科学以及工农业生产等都具有重要的意义。目前，已经报道了许多利用 MOFs 材料作为荧光探针进行金属离子的选择性识别。

由于所用配体的特殊结构，N、O 原子可以作为配位点与其他金属离子进行配位。因此，我们研究了配合物 10 在检测金属离子方面的潜在应用，并对不同金属离子进行了荧光传感实验。为了研究不同金属离子对配合物 10 发光的影响，将研磨均匀的粉末样品 5 mg 分散在 3 mL 的 DMA 溶液中，通过超声处理形成悬浊液，并将含有浓度为 10^{-3} mol/L 的不同金属阳离子的硝酸盐 $M(NO_3)_x$（M=Cd^{2+}、Co^{2+}、Al^{3+}、Fe^{2+}、Mn^{2+}、Li^+、Zn^{2+}、K^+、Ba^{2+}、Na^+、Mg^{2+}、Fe^{3+}、Cu^{2+}、Pb^{2+} 和 Hg^{2+}）加入上述悬浊液中，通过记录含配合物 10 的悬浊液在 377 nm 激发下的荧光光谱，研究其发光特性。如图 4.22 所示，配合物 10 的荧光响应强烈依赖于金属离子的种类。其中，Fe^{3+} 的荧光猝灭效应最为显著，荧光几乎完全猝灭，其余金属离子则表现出不同程度的猝灭效应，表明在上述阳离子中，配合物 10 对 DMA 溶液中的 Fe^{3+} 具有较高的选择性检测。

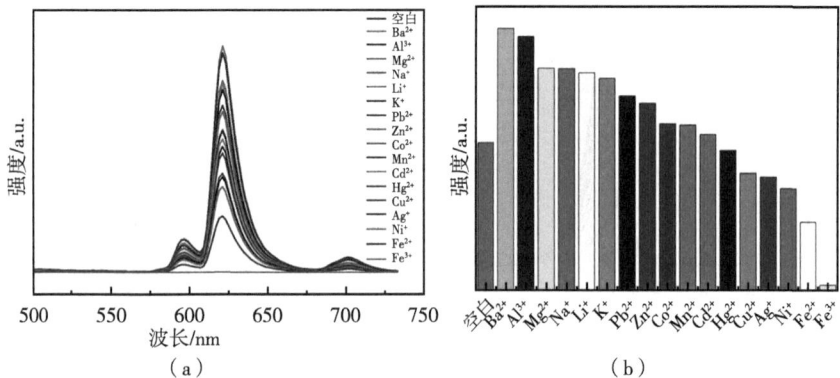

图 4.22　配合物 10 在不同金属离子溶液中的（a）发射光谱和（b）最大荧光强度

在金属离子的荧光检测中，具有良好的选择性和灵敏性是检验荧光传感器性能的关键，杂质离子的存在是否对目标金属离子产生干扰也是检测的重要指标。因此，我们进行了干扰性实验，以研究混合金属阳离子对荧光强度的影响。将 1 mL 浓度为 1×10^{-3} mol/L 的 Fe^{3+} 加入金属有机骨架材料的悬浊液中，然后加入 2 mL 浓度为 1×10^{-3} mol/L 的其他金属离子溶液，我们发现配合物 10 对 Fe^{3+} 的猝灭现象即使在加入其他金属离子的情况下也不受影响，表明配合物 10 可被视为潜在的发光探针用于检测上述金属阳离子中的 Fe^{3+}（图 4.23）。

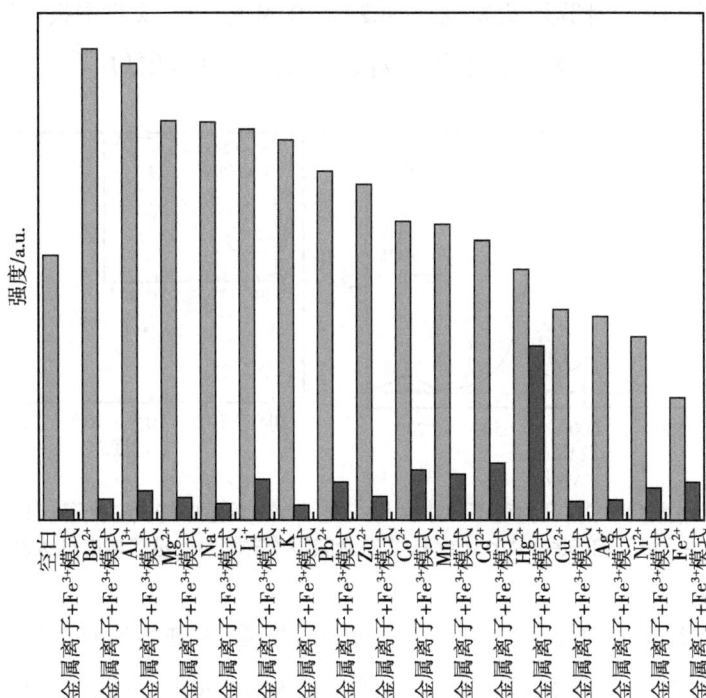

图 4.23　配合物 10 在不同金属离子中的荧光响应（浅灰色柱形表示在不同金属离子中的荧光强度；深灰色柱形表示随后向上述金属离子溶液中添加 Fe^{3+} 时荧光强度）

为了进一步研究配合物 10 对 Fe^{3+} 的敏感性和猝灭效率，测定了不同浓度梯度（10^{-2} M、10^{-3} M、10^{-4} M、10^{-5} M、10^{-6} M、10^{-7} M）的 Fe^{3+} 离子溶液对配合物 10 分散在 DMA 溶液中的荧光发射响应。如图 4.24（a）所示，随着 Fe^{3+} 浓度增加，发射强度逐渐减弱，当 Fe^{3+} 的 DMA 溶液浓度为 10^{-2} M 时，发射强度达到最低，配合物 10 的荧光猝灭效率达到 95.5%，说明对 10^{-2} M 的检测结果呈现明显的荧光猝灭效果，几乎完全猝灭；而当 Fe^{3+} 的 DMA 溶液浓度为 10^{-7} M 时，仍然呈现荧光猝灭效果，配合物 10 的荧光猝灭效率达到 3.4%，说明配合物 10 对低浓度的 Fe^{3+}DMA 溶液检测仍有效，最低检测限可达到 10^{-7} M，这与传统的检测方法相比有了很大提高。如图 4.24（b）所示，通过建立 Stern-Volmer 模型来呈现发光强度与 Fe^{3+} 浓度的关系曲线，I_0/I 和 $[M]$ 呈良好的线性关系（$R^2=0.995$），并符合 Stern-Volmer（SV）方程 $I_0/I=1+K_{sv}[M]$。式中，I_0 和 I 分别是加入 Fe^{3+} 前后的荧光强度，$[M]$ 是 Fe^{3+} 的物质的量浓度，K_{sv} 是猝灭常数。我们通过计算得到 K_{sv} 值为 4.20×10^3 M^{-1}，这与文献中报道过的荧光材料数值相当[169, 170]，说明配合物 10 对 Fe^{3+} 有高效的猝灭效应。

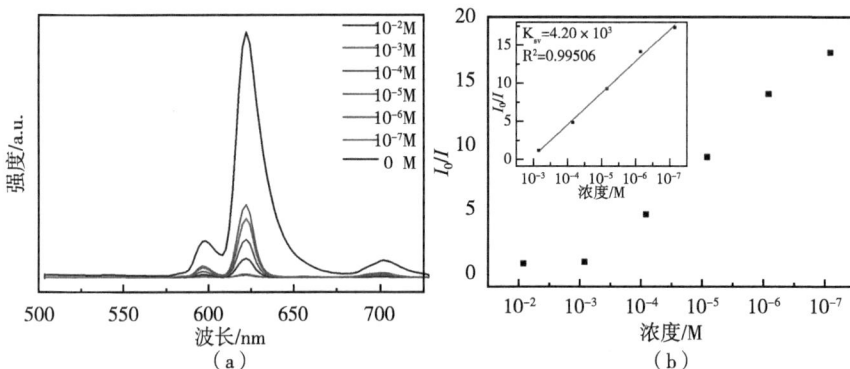

图 4.24 （a）配合物 10 在含有不同浓度 Fe^{3+} 的 DMA 溶液中的发射光谱；（b）I_0/I 相对于 Fe^{3+} 浓度的 Stern-Volmer 图和拟合曲线（插图为所选区域的放大图）

此外，猝灭后的配合物 10 可以通过洗涤并离心后进行回收。如图 4.25 所示显示了配合物 10 分散在浓度为 10^{-2} M 的 Fe^{3+} 的 DMA 溶液前后，洗涤，干燥循环至 5 次对应的荧光强度。深灰色柱形代表初始发射强度，浅灰色柱形代表加入 10^{-2} M 的 Fe^{3+} 溶液后的发射强度，顶部的百分数代表每个循环的猝灭效率。使用公式（I_0-I）/$I_0 \times 100\%$ 估算猝灭效率（%），其中 I_0 和 I 分别是分散在浓度为 10^{-2} M 的 Fe^{3+} 溶液前后配合物 10 的荧光强度。值得注意的是，第 5 次循环后猝灭效率可保持在 90%。PXRD 谱图进一步证实在循环 5 次之后，配合物 10 的骨架仍然保持完整（图 4.26），这些结果表明配合物 10 在检测 Fe^{3+} 后仍具有出色的可循环性。

随后，对于 Fe^{3+} 猝灭效应的机理进行探究，我们对浸泡在 Fe^{3+} 的 DMA 溶

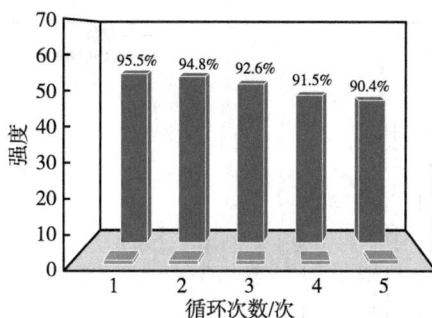

图 4.25　配合物 10 检测 Fe³⁺ 的 5 次循环实验

注：空白悬浊液的荧光强度（深灰色柱形）；加入 Fe³⁺ 后的荧光强度（浅灰色柱形）。

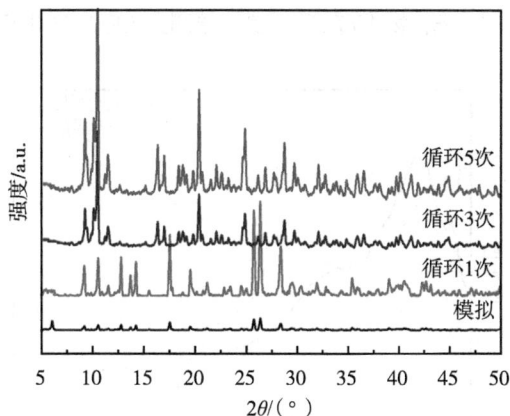

图 4.26　配合物 10 在 Fe³⁺ 的 DMA 溶液中循环 5 次后的 PXRD 曲线

液中的样品进行回收、洗涤干燥后，进行了粉末 PXRD 的表征（图 4.27）。结果表明配合物 10 的骨架结构没有发生坍塌，与单晶测试得到的模拟 PXRD 谱图比较吻合，说明该化合物对 Fe^{3+} 荧光猝灭效应不是由于化合物骨架结构的坍塌所导致的。我们认为这种猝灭现象可能是由于 Fe^{3+} 的加入使有机配体无法将能量有效地传递给金属中心。为了证实这一推测，我们测试了配合物 10 和 Fe^{3+} 溶液的紫外—可见吸收光谱。如图 4.28 所示，Fe^{3+} 溶液在 260～380 nm 内有较强的吸收峰，而配合物 10 在 275～400 nm 内有一个较强的吸收峰，二者在紫外区域出现相似的吸收范围，所以 Fe^{3+} 很可能会吸收其中的一部分能量，导致能量不能有效地从有机配体传递给金属中心 Eu^{3+}，从而产生荧光猝灭现象[171]。

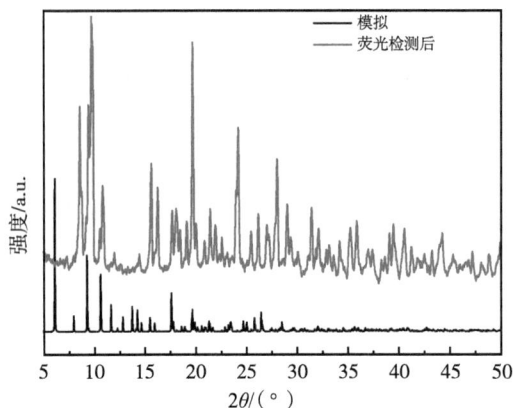

图 4.27　配合物 10 在 Fe^{3+} 荧光检测实验后的 PXRD 谱图

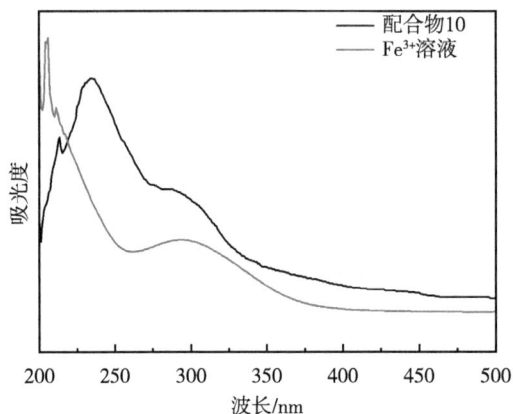

图 4.28　配合物 10 和 Fe^{3+} 溶液的紫外—可见吸收光谱

4.3.7.3 配合物 10 对硝基化合物的检测

除了常见的有机溶剂和金属离子外，硝基芳香族化合物的检测似乎更为重要，因为它们广泛存在于炼油厂、塑料加工和燃料使用中，具有潜在的致癌物质和毒性。大量的实验结果表明，通过主客体相互作用，发光的 MOFs（LMOFs）可以作为快速、简便地检测苯、甲苯、苯胺等芳香族化合物的传感器。因此，我们选择了 2，4-二硝基甲苯（2，4-DNT）、2，4-二硝基苯酚（2，4-DNP）、2，4，6-三硝基苯酚（TNP）、1，3-二硝基苯（1，3-DNB），2-硝基甲苯（2-NT）、4-硝基甲苯（4-NT）和硝基苯（NB）用于传感实验。用 DMA 为溶剂，将不同的硝基化合物均配置成浓度为 1 mg/L 的溶液，3 mg 样品分散到 2 mL 的 DMA 溶液中，超声处理 30 min 后形成稳定悬浊液，分别滴加上述不同硝基化合物的 DMA 溶液，测定其荧光强度。如图 4.29（a）所示，在上述硝基芳香族化合物中，NB 表现出最显著的猝灭效应，猝灭效率可达 81.3%，并且它的猝灭效率高于其他芳香族化合物［图 4.29（b）］。利用公式（I_0–I）/I_0×100% 计算猝灭百分率，其顺序为：NB>2-NT>TNP>1, 3-DNB>2, 4-DNP>4-NT>2, 4-DNT，相应的猝灭百分率分别为 81.3%>39.2%>26.5%>18.6%>12.3%>8.4%>2.6%。与其他硝基芳香族化合物相比，NB 的猝灭效率更高，表明对 NB 具有高选择性。这一结果表明配合物 10 是一种新型选择性荧光传感器，由于硝基芳香族炸药对人体和环境的危害已经成为一个严重的问题，因此对 NB 检测具有重要意义[172]。

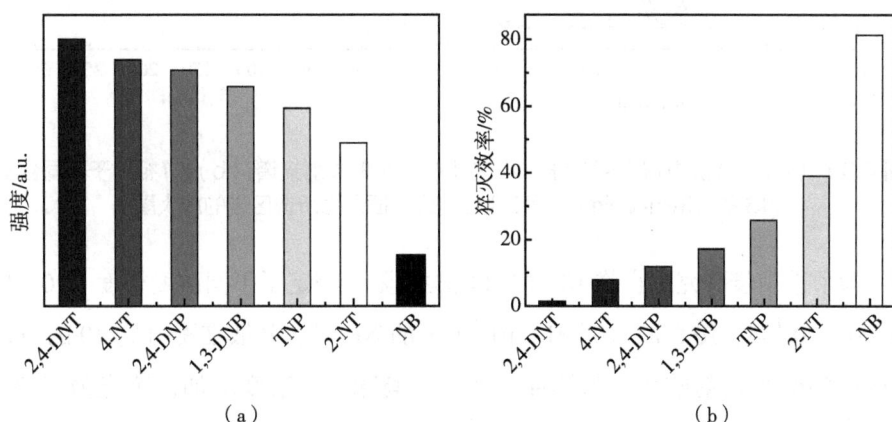

图 4.29　配合物 10 在不同硝基芳香族化合物中的（a）荧光强度和（b）猝灭效率图

基于配合物 10 良好的荧光性质，我们考察了该配合物在 DMA 溶液中对 1 mg/L 的 NB 的检测能力。将配合物 10 的 DMA 悬浊液中逐渐滴加一定浓度不同含量 NB（0～300 μL）的 DMA 溶液，通过荧光光谱测试其荧光强度的变化，发现荧光强度产生不同程度的猝灭现象，并且加入的量越大，猝灭现象越明显。如图 4.30（a）所示，当体系中 NB 的加入量增加到 300 μL 时，配合物 10 对 NB 的猝灭效率为 84.9%。此外，荧光猝灭效率可用 Stern-Volmer 方程 I_0/I=1+K_{sv}［M］来分析，I_0 和 I 分别是加入被检测物前后的荧光强度，［M］是分析物的物质的量浓度，K_{sv} 是猝灭常数。通过建立 Stern-Volmer 模型来呈现发光强度与 NB 加入量的关系曲线［图 4.30（b）］，在低含量时 I_0/I 和［M］呈良好的线性关系（R^2=0.984），我们通过计算得到 K_{sv} 值为 6.71×10^3 M^{-1}，随着含量的增大偏离线性，形成向上弯曲的曲线[173]。自吸收或能量转移过程很可能会导致硝基苯的 SV 曲线非线性变化[174]，因此静态猝灭和动态猝灭可能在荧光猝灭过程中同时存在并彼此相互竞争，最终导致非线性 SV 关系。

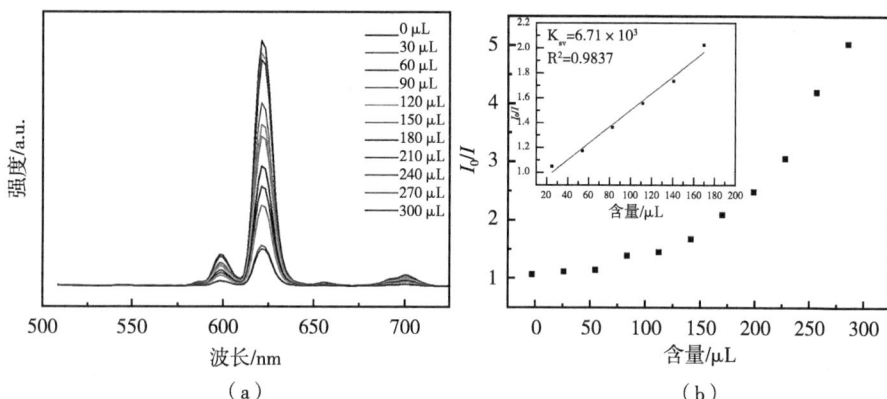

图 4.30 （a）配合物 10 在不同含量 NB 的 DMA 中的发射光谱；（b）I_0/I 相对于不同含量 NB 的 Stern-Volmer 图和拟合曲线（插图为所选区域的放大图）

为了进一步研究配合物 10 对 NB 的检测限，测定了不同浓度梯度（10^{-2} M、10^{-3} M、10^{-4} M、10^{-5} M、10^{-6} M、10^{-7} M）的 NB 溶液分散在配合物 10 的 DMA 溶液中的荧光发射响应。如图 4.31 所示，随着 NB 浓度增加，荧光强度逐渐减弱，猝灭效率逐渐增大。当 NB 浓度为 10^{-2} M 时，荧光强度达到最低，配合物 10 的荧光猝灭效率达到 93.1%；NB 浓度为 10^{-3} M 时，配合物 10 的荧光猝灭效率达到 87.3%；NB 浓度为 10^{-4} M 时，配合物 10 的荧光猝灭效率达到 68.8%；NB 浓度为 10^{-5} M 时，配合物 10 的荧光猝灭效率达到 45.0%；NB 浓度为 10^{-6} M 时，配合物 10 的荧光猝灭效率达到 29.8%；而当 NB 浓度为 10^{-7} M 时，配合物 10 的荧光猝灭效率达到 20.9%，仍然呈现荧光猝灭效果，说明配合物 10 对低浓度的 NB 溶液检测仍有效果，最低检测限可达到 10^{-7} M，这与传统的检测方法相比有了很大提高。

通过记录配合物 10 的 DMA 悬浊液在 NB 和其他硝基芳族化合物存在下的荧光光谱，进行了配合物 10 对其他硝基芳族化合物选择性检测 NB 的干扰

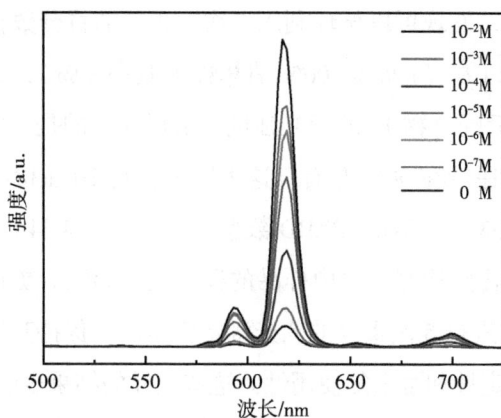

图 4.31　配合物 10 在含有不同浓度 NB 溶液中的发射光谱

性实验。如图 4.32 所示，浅灰色柱形表示在不同硝基芳香族化合物中配合物 10 的发射强度，深灰色柱形表示随后向上述硝基芳香族化合物溶液中添加 NB 的发射强度。结果表明，其他硝基芳香族化合物的存在不会使配合物 10 对 NB 的猝灭效率显著改变，说明配合物 10 仍然对 NB 具有高选择性和灵敏性检测。此外，在完成上述滴定实验后，配合物 10 的检测能力可以恢复和循环使用。

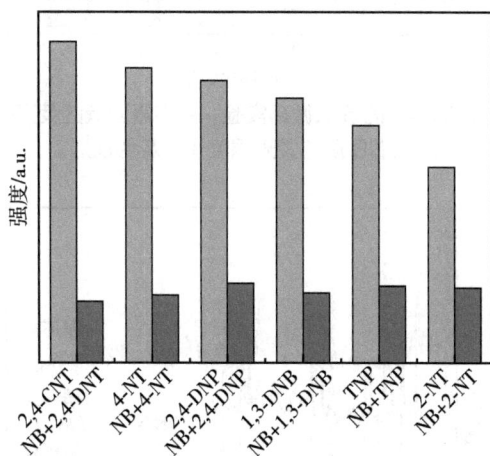

图 4.32　配合物 10 在其他硝基芳香族化合物干扰下对 NB 的检测性能

　　基于配合物 10 对硝基苯的高选择性和灵敏性检测能力，有效回收和循环使用显得尤为重要。通过对检测完硝基苯的配合物 10 进行离心并反复用 DMA 溶液多次洗涤后干燥，发现可以循环利用 5 次。顶部的百分数代表每个循环的猝灭效率，使用公式 $(I_0-I)/I_0 \times 100\%$ 估算猝灭效率（%），其中 I_0 和 I 分别是分散在 NB 溶液前后配合物 10 的荧光强度。值得注意的是，即使在 5 次循环之后，猝灭效率仍然保持在 90% 左右，这表明配合物 10 在检测应用中具有良好的可循环性（图 4.33）。例如，PXRD 数据所证实（图 4.34），这与模拟图几乎一致，从而证明在传感检测实验中样品的框架没有塌陷。更重要的是，配合物 10 在用硝基苯溶液进行 5 次重复的荧光滴定实验后，保持其结晶度和结构完整性、高的热化学稳定性和可重复使用性。这些优异的结果表明，配合物 10 可用于检测硝基苯并作为高选择性发光晶体材料的优良发光传感器，是应用于硝基芳香族化合物现场检测中的潜在荧光材料。

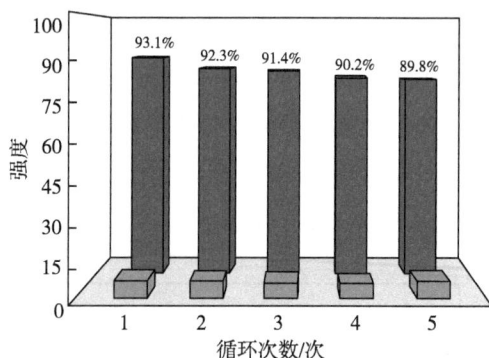

图 4.33　配合物 10 检测 NB 的 5 次循环实验：空白悬浊液的荧光强度（深灰色柱形）；
加入 NB 后的荧光强度（浅灰色柱形）

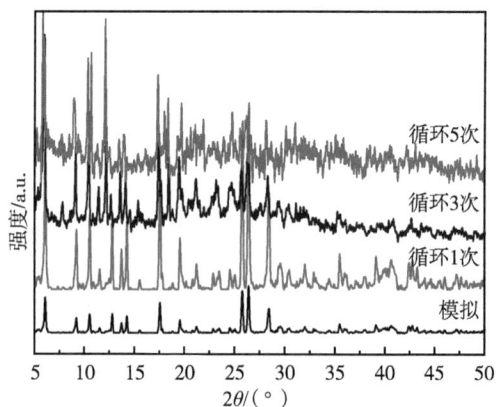

图 4.34　配合物 10 在硝基苯的 DMA 溶液中循环 5 次后的 PXRD 曲线

配合物 10 对硝基芳香族化合物的选择性荧光猝灭机理可以归因于被检测物与金属有机骨架材料之间的光诱导电子转移。研磨后的样品可以通过超声波很好地分散在溶液中，导致硝基苯可以紧密地黏附到配位聚合物颗粒的表面，有助于主体与客体的相互作用[175, 176]。因此，硝基苯上具有强吸电子作用的硝基使硝基苯分子成为缺电子的化合物，使电子转移的过程从供电子的骨架材料配合物 10 转移到缺电子的硝基苯上，从而导致荧光猝灭。所以，发光金属有机骨架材料的高选择性荧光传感与骨架材料和被分析物的结构有着密切的联系。

4.4 本章小结

在本章中，选用 4-HNCP 作为主配体，不同羧酸（1,4-H$_2$bdc 和 4,4'-H$_2$bpdc）为辅助配体，在水热条件下成功合成了 3 种新型 Ln-MOFs 材料。

$$［Eu（4-NCP）（1，4-bdc）］_n · 0.5H_2O \tag{8}$$

$$［Tb（4-NCP）（1，4-bdc）］_n · 2H_2O \tag{9}$$

$$［Eu（4-NCP）（4，4'-bpdc）］_n · 0.75H_2O \tag{10}$$

通过 X 射线单晶衍射对其晶体结构进行测定，用 PXRD、FT-IR、UV-vis DRS 固体紫外漫反射等技术对合成的样品形貌、结构、光学性质进行了一系列研究。本章的主要结论如下。

（1）通过 X 射线单晶衍射分析表明，3 种配合物都具有三维骨架结构，并且整个三维框架可以简化为具有拓扑符号为 $4^{12} · 6^3$ 的 6- 连接的网络，属于经典的 pcu 拓扑。

（2）通过 BET 测试结果可知，具有较高的比表面积、较大的孔隙容积以及较高存储容量的配合物 10 有着高于其他配合物的吸附活性，并在选择性吸附 CO_2 气体方面展现独特的优势。

（3）通过配合物 10 在 DMA 溶液中对金属离子的荧光传感实验分析表明，随着 Fe^{3+} 浓度增加，发射强度逐渐减弱，当 Fe^{3+} 的 DMA 溶液浓度为 10^{-2} M 时，发射强度达到最低，配合物 10 的荧光猝灭效率达到 95.5%，其最低检测限可达到 10^{-7} M，说明配合物 10 对 Fe^{3+} 有高效的猝灭效应。此外，配合物 10 具有优异的抗干扰能力和可循环性。研究结果表明，配合物 10 可以作为 Fe^{3+} 的荧光传感材料。

（4）基于配合物 10 良好的荧光性质，我们考察了该配合物对硝基芳香族化合物的荧光传感性能研究。研究结果表明，具有强吸电子作用的硝基使硝基苯分子成为缺电子的化合物，使电子转移的过程从供电子的骨架材料配合物 10 转移到缺电子的硝基苯上，从而导致荧光猝灭。当体系中 NB 的加入量增加到 300 μL 时，配合物 10 对 NB 的猝灭效率为 84.9%。进一步研究发现，配合物 10 不仅对硝基苯具有高选择性和灵敏性检测能力，还具有良好的循环使用性，表明配合物 10 可用于选择性识别和检测硝基苯，并作为高选择性发光晶体材料的优良发光传感器。

第 5 章

基于 MOFs-Shell 型多孔材料的构筑及其选择性吸附分离性能研究

5.1 引言

随着现代工农业的发展，大量有毒有害的污染物进入环境中，严重威胁人类的生存和发展，该类化合物中一类重要的环境污染物是含有苯环的有机物，统称为"苯类有机污染物"（Benzene Organic Pollutants，BOPs）。BOPs 是目前最难处理且具有潜在或长期危害的新型污染物之一，因其具有难以降解、毒性强、在环境中有一定残留水平、出现频率高、具有生物积累性等特点，已经被美国环保局列为 129 种优先污染物，也被我国列为 68 种水中优先控制污染物之一。BOPs 主要来源于化工、焦化、印染等行业的工业废水以及生活污水，因此研发有效削减 BOPs 的技术成为当今环境科学领域迫切需要解决的一个问题[177]。

目前对苯类有机污染物的处理技术多种多样，其中吸附法备受人们的青睐，它主要将环境中的污染物富集到多孔性吸附剂表面，从而达到去除污染物的一种方法[178]。该方法具有成本低、设计简单、应用范围广、无二次污染且吸附剂易再生等优点，有望成为新一代高效节能的环境污染治理技术，也是当今环境科学与技术领域研究热点。

近年来，Core-Shell 型或 York-Shell 型 MOFs 材料的合成得到了长足的发展，是多功能 MOFs 复合材料中最为典型的一类构型，其中 MOFs 既可作核，也可作壳，通过自组装形成稳定核壳或蛋黄—蛋壳结构。因结合了核层和壳层 2 种材料，这种结构的材料已经广泛应用到光学、药物传输和生物材料等领域，因此设计制备功能化材料已经引起科研工作者的极度关注。2012 年，南洋理工大学约瑟夫·T. 胡普（Joseph T. Hupp）等制备 Core-Shell 型 Pd/SiO$_2$@ZIF-8 材料，把具有催化活性的 Pd/SiO$_2$ 与选择性的 ZIF-8 复合，实现不同大小分子的有效进入，研究光催化及吸附性能[179]。2015 年，北京科技大学王戈教授课题组合成 Yolk-Shell 构型的 CHS@MOFs，通过简易模板策略形成这种功能化结构。这种结构不仅避免了内核的能量聚集，保持其化学活性，而且也大大提高了纳米结构的多功能性，研究表明其在吸附方面 CHS@Cu$_3$（BTC）$_2$ 比单独的 CHS 吸附量大[180]。2016 年，厦门大学岳光辉教授课题组基于合成 MOFs 的简单方法，得到 ZnO/Ni$_3$ZnC$_{0.7}$/C@MOFs 材料，研究其吸附性能[181]。此外，2014 年浙江科技学院刘宝鉴教授课题组制备了 3 种 MOFs 材料 MIL-100（Fe）、MIL-100（Cr）和 NH$_2$-MIL-101（Al），并对水中的苯酚、对硝基苯酚的吸附能力进行了研究，与 MIL-100 2 种材料相比，NH$_2$-MIL-101（Al）具有更好的吸附性能[182]。由此可见，MOFs 在污染物的液相吸附方面展现出一定的优势，得到科研人士的大量研究。

本章旨在选择可用于高效吸附工业废水/生活污水中硝基苯的 HKUST-1 Shell 多孔材料作为吸附剂，考察其吸附性能。首先，筛选与优化吸附材料的制备技术，实现 MOFs 孔道、壳内腔体、吸附剂形貌可控制备；其次，研究吸附过程中硝基苯与 HKUST-1 Shell 材料之间的界面吸附机制，阐明吸附过程的热力学和动力学行为，考察硝基苯在不同初始浓度时的吸附动力学，从而确定吸附平衡时间；最后，探讨 HKUST-1 Shell 吸附硝基苯的可能机理，实现对硝基苯的快速、高效吸附分离且吸附剂可回收利用的绿色吸附过程。

5.2 实验部分

5.2.1 实验试剂和仪器

本章实验中，原料和试剂一览表如表 5.1 所示，药品在使用前均未进一步纯化。实验过程中所使用的水均为去离子水。

表 5.1　原料和试剂一览表

试剂	分子式	级别	生产厂家
聚乙烯吡咯烷酮	$(C_6H_9NO)_n$	分析纯	阿拉丁试剂（上海）有限公司
均苯三甲酸	$C_9H_6O_6$	分析纯	济南恒化科技有限公司
甲醇	CH_3OH	分析纯	国药集团化学试剂北京有限公司
乙醇	C_2H_6O	分析纯	国药集团化学试剂北京有限公司
苯甲醇	C_7H_8O	分析纯	中国医药集团有限公司
水合肼	H_6N_2O	分析纯	中国医药集团有限公司

实验仪器一览表如表 5.2 所示。

表 5.2　实验仪器一览表

仪器名称	型号及厂家	测试条件
X 射线衍射仪（PXRD）	日本 JEOL 公司 PC2500	$Cu\ K_{\alpha}$（$\lambda = 1.5418$ Å）
数显集热式磁力搅拌器	青岛聚创环保集团有限公司 DF-101B	1L 容量，控温：$\leq 300℃$，转速 $0 \sim 3000$ 转 / min
电热恒温鼓风干燥烘箱	广东海达仪器有限公司 101A-1E	温度 $\leq 200℃$，温度波动 1℃
扫描电子显微镜	日本 JEOL 公司 JSM-7800F	—
透射电子显微镜	日本 JEOL 公司 JEM-2010HR	—
X 射线光电子能谱仪（XPS）	美国赛默飞世尔（Thermo Fisher）公司 ESCALAB250XI	300 W，$Al\ K_{\alpha}$
紫外—近红外分光光度计	日本岛津公司 UV-3600	使用波长范围 $200 \sim 800$ nm
红外光谱仪	美国 Nicolet iS50	波数范围 $400 \sim 4000\ cm^{-1}$
全自动气体吸附仪	美国康塔公司 Autosorb-iQ	N_2（77K）及室温 CO_2
差热—热重分析仪	德国耐驰 STA 449F3	室温 $-1500℃$，升温速率 10℃ /min

5.2.2　HKUST-1 Shell 材料的制备

近年来，研究人员利用多种"软""硬"模板法，使 MOFs 微 / 纳米晶在合成过程中发生原位聚集，通过移除模板，在聚集体内部成功引入空腔结构。本章中我们用 Cu_2O 牺牲剂模板法，在 MOFs 形成过程中产生质子的同时能自发地将 Cu₂O 刻蚀，无须额外加入溶剂的刻蚀步骤来完成（合成路线如图 5.1 所示）。

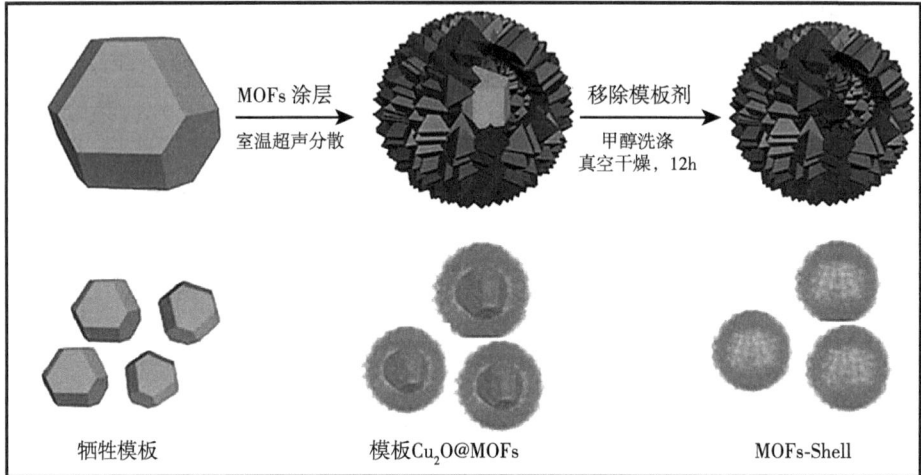

图 5.1　MOFs-Shell 型多孔材料的合成路线

5.2.2.1　Cu₂O-Shell 的制备

将一定量 PVP 充分溶解在一定体积的 Cu（NO₃）₂ 溶液中，磁力搅拌，超声分散 30 min，然后立即加入一定量水合肼，观察颜色由绿色逐渐变为黄色，之后把混合物大力搅拌 2 min，产物在 8000 rpm 下离心 10 min，之后用乙醇、去离子水（$V_{乙醇}:V_{去离子水}=1:1$）充分洗涤多次（去除 PVP），最后分散在一定量苯甲醇溶剂中，并且在 4℃下保存（Cu₂O 为牺牲剂）。

5.2.2.2　Cu₂O@HKUST-1 的制备

将一定量均苯三酸固体粉末加入到适量苯甲醇和少量乙醇混合溶液中，避光超声 30 min 后得到均匀溶液，然后将第一步所制得的分散溶液加入其中，手摇使之彻底混合，室温下静止 2 h，即得到产物 Cu₂O@HKUST-1。

5.2.2.3　HKUST-1 Shell 材料的制备

将上述产物 Cu₂O@HKUST-1 的混合溶液倒入玻璃瓶后放入烘箱中，在 80℃下加热反应 12 h，得到产物在 5000 rpm 下离心 5 min，之后用甲醇反复洗涤多次，最后产物放入真空干燥箱中干燥 12 h，即得到最终产物 HKUST-1 Shell 型材料。

5.2.3　HKUST-1 Shell 材料的表征

通过日本 JEOL 公司的 PC2500 型 X 射线粉末衍射（PXRD）对所制备的粉末样品进行晶相和纯度的测定，Cu K_α 为辐射源（$\lambda=0.15406$ nm），扫描范围为 5°～50°。通过傅里叶红外光谱（FT-IR）Nicolet iS50 型对样品中的化学键和化学基团进行分析测定，把样品与光谱纯 KBr 混合压片，测量范围为 400～4000 cm^{-1}。采用日本 JEOL 公司的 JSM-7800F 型扫描电子显微镜（SEM）对所合成样品的形貌进行分析。采用日本 JEOL 公司的 JEM-2010HR 型透射电子显微镜（TEM）来观察样品的微观结构特征。借助美国赛默飞世尔（Thermo Fisher）公司 ESCALAB250XI 型 X 射线光电子能谱仪（XPS）对所合成样品的元素组成及存在形式进行分析。采用日本岛津公司 UV-3600 型紫外—可见漫反射光谱（UV-vis DRS）表征所合成材料的光学吸收性能，以 $BaSO_4$ 粉末作为参比，扫描范围为 200～800 nm。采用德国耐驰（Netzsch）公司的 STA 449F3 型同步热分析仪研究分析物质的热稳定性，氮气气氛下，以 10 ℃ /min 的加热速率从室温一直升高温度至 800 ℃。通过 TGA 结果，可以判断骨架稳定性，溶剂分子等方面的信息。采用美国康塔（Quantachrome）公司的 Autosorb-IQ-C（双站）型比表面积—孔结构测定（BET）用于测定和分析所合成材料的比表面积和孔结构分布特征。

5.2.4　吸附动力学实验

将制备的样品放入真空干燥箱真空干燥 24 h 以上，用来驱除样品孔隙中的客体分子等。并准确称取一定量的吸附剂样品，加入一定质量浓度的硝基苯污染物溶液，按照预设的实验参数置于振荡器中振荡，进行吸附实验。经吸附后，用 0.22 μm 的滤膜处理并获得上层清液，测定硝基苯的最大吸收波长，以对 MOFs 材料吸附后的硝基苯污染物浓度进行确定，探讨吸附平衡时间和吸附机理，根据吸附时间和吸附量的关系即可拟合得到吸附动力学曲线。

5.2.5 吸附等温线实验

称取一定量的吸附剂样品，加入到含有不同质量浓度（分别为 10 mg/L、20 mg/L、50 mg/L、80 mg/L、100 mg/L）的硝基苯污染物溶液中，在不同温度 298 K、308 K 和 318 K 条件下，在振荡器中振荡一定时间，直至达到吸附平衡，用 0.22 μm 的滤膜过滤处理并获得上层清液，最后确定 MOFs 材料吸附后的硝基苯污染物浓度。吸附量的计算方法用如下公式表示。

$$q_e = \frac{(C_0 - C_e)V}{m} \qquad (5.1)$$

式（5.1）中，q_e 是平衡时的吸附量（mg/g）；C_0 是硝基苯溶液的初始质量浓度（mg/L）；C_e 是平衡时硝基苯溶液的质量浓度（mg/L）；V 是废水溶液的体积（L）；m 是吸附剂质量（g）。以上相关吸附测试实验需要重复 3 次，取平均值作为最后结果，以保证实验数据的准确性。

5.2.6 MOFs 材料的再生实验

良好的吸附剂在吸附再生后对污染物应该有较好的吸附效果。本实验对进行吸附硝基苯后的 MOFs 材料采用蒸馏水洗涤，并置于 100℃烘箱中烘干，然后在设定为 300℃的马弗炉中煅烧以去除孔道内的有机物。以上操作步骤至少重复 3 次，保证附着在 MOFs 材料上的硝基苯完全除掉。利用上述处理的 MOFs 材料进行 4 次循环吸附硝基苯的实验，对比 4 次循环后的吸附性能并考察材料的稳定性。

5.3 结果与讨论

5.3.1 HKUST-1 Shell 材料的 PXRD 表征

如图 5.2 所示为 HKUST-1 Shell 材料的 PXRD 谱图。从图 5.2 中可以看出，HKUST-1 实验的 PXRD 谱图与模拟的单晶结构图非常吻合，揭示了晶体材料的相纯度为纯相。通过对比可知，合成的 HKUST-1 Shell 材料衍射峰位置、相对强度与晶体材料保持一致，证明所合成的材料即为 HKUST-1 Shell。

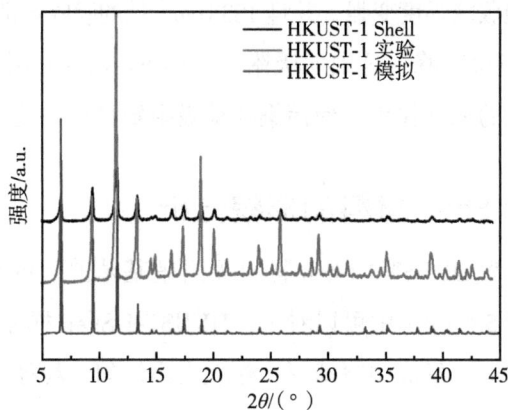

图 5.2　HKUST-1 Shell 材料的 PXRD 谱图

5.3.2　HKUST-1 Shell 材料的 FT-IR 表征

如图 5.3 所示为 HKUST-1 Shell 材料吸附硝基苯前后的 FT-IR 谱图。通过对比可知，红外光谱吸收峰形基本相同，吸收强度发生了相应的变化。由图 5.3 可以看出，在吸附之前 HKUST-1 Shell 材料在 730 cm⁻¹ 处的特征吸收可能是由 Cu-O 拉伸振动引起的，其中氧原子与 Cu 配位；而在 3100 ~ 3600 cm⁻¹ 处形成非常宽的峰，表明 Cu-BTC 中存在松散结合的水分子；这些峰中最重要的分别是 1639 cm⁻¹ 处的特征峰为 C=O 伸缩振动，在 1371 cm⁻¹ 处归属于羧基中的 C-O 伸缩振动和

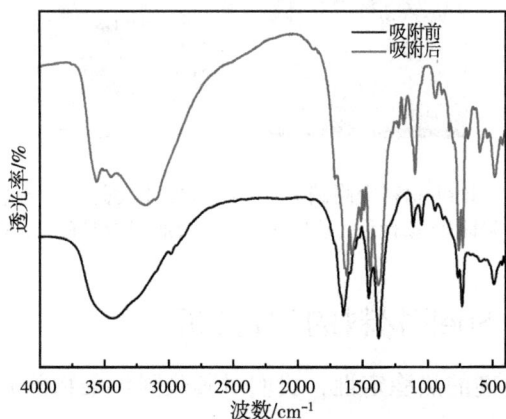

图 5.3　HKUST-1 Shell 材料吸附硝基苯前后的 FT-IR 谱图

1447 cm^{-1} 处 O-H 弯曲振动,表明存在羧酸基。经过吸附硝基苯之后,730 cm^{-1} 和 1101 cm^{-1} 处的吸收峰强度变强,并且 1038 cm^{-1} 处的吸收峰消失,而在 1176 cm^{-1} 处出现了 C-N 伸缩振动峰,这说明吸附剂 HKUST-1 Shell 吸附硝基苯后在分子结构上发生了一定的相互作用,使污染物被吸附到材料的孔道内。

5.3.3 HKUST-1 Shell 材料的形貌分析

如图 5.4 所示为 HKUST-1 Shell 材料吸附硝基苯前后的 SEM 图和 TEM 图,从图 5.4(a)和图 5.4(b)中可以看出,HKUST-1 Shell 样品形貌均匀,多为不规则的块形及聚集体,形成中空球形,颗粒大小均匀,粒径分布大约为 100 nm;从图 5.4(c)可以看出,HKUST-1 Shell 样品吸附硝基苯之后,颗粒大多数为聚集体,形成一些聚集碎片,这可能是由硝基苯在样品表面的吸附作用及样品的不规则所导致。通过 TEM 图进一步研究 HKUST-1 Shell 吸附剂的形貌和微观结构[图 5.4(d)]。从图 5.4(d)中可以观察到 HKUST-1 Shell 为中空结构,外部为不规则的 HKUST-1 颗粒包围,进一步证实了 HKUST-1 Shell 被成功合成。

（a）　　　　　　　　（b）

（c）　　　　　　　　（d）

图 5.4　HKUST-1 Shell 材料吸附硝基苯前后的 SEM 图:(a)~(b)吸附硝基苯前;
(c)吸附硝基苯后;(d)HKUST-1 Shell 材料的 TEM 图

5.3.4 HKUST-1 Shell 材料的 TG 分析

为了研究吸附剂的热稳定性,我们对其吸附污染物前后进行了热重分析。如图 5.5(a)所示,HKUST-1 Shell 的热重曲线在 30~800℃范围出现两段失重:

第一段在 30～180℃范围，失去的是样品孔隙中客体分子及样品骨架中金属上结合的少量客体分子，失重量约为 12.4%；第二阶段在 230～450 ℃范围，这是由于在高温下分解为无机物和气体所导致，失重量约为 31.4 %；随着温度继续升高，失重量保持不变。吸附硝基苯后的热重曲线如图 5.5（b）所示，通过对比吸附前后的热重曲线可知，吸附污染物后的热重曲线同样出现两步失重，只是温度区间范围相应变大，第一段在 30～220℃范围，失重量约为 11.2%；第二阶段在 240～480 ℃范围，失重量约为 33.2%。综上数据，说明该吸附剂具有良好的热稳定性。

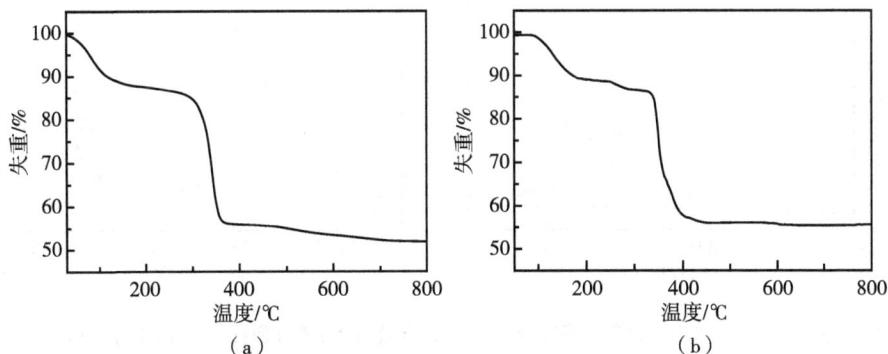

图 5.5　HKUST-1 Shell 材料吸附硝基苯前后的 TG 曲线：
（a）吸附硝基苯前；（b）吸附硝基苯后

5.3.5　HKUST-1 Shell 材料的 XPS 分析

如图 5.6 所示为 HKUST-1 Shell 的 XPS 谱图。如图 5.6（a）所示可以清晰看到 Cu、C 和 O 元素在 HKUST-1 的表面；如图 5.6（b）所示，Cu 2p 的峰位于 934.0 eV 和 953.6 eV；相应地，如图 5.6（c）所示的 O 1s 谱图，可以拟合成 2 个峰，对应 Cu-O 键（530.5 eV）和 O-H 键（531.5 eV）；如图 5.6（d）所示为 283.03 eV 和 287.03 eV 的 2 个峰，其来源于 HKUST-1 的 C 1s。

5.3.6　HKUST-1 Shell 材料的比表面积（BET）分析

多孔材料的比表面积和孔分布是评价材料的活性、吸附以及催化等多种性能的一项重要参数。具备较高的比表面积通常是材料表现优良吸附特性的前提，

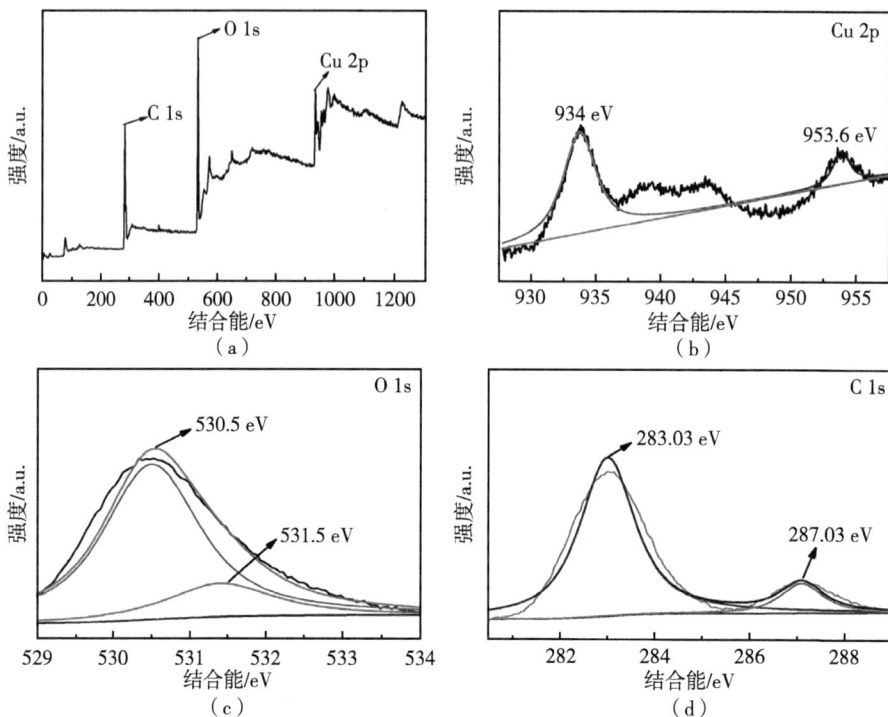

图 5.6　HKUST-1 Shell 的 XPS 谱图：(a) 全谱；(b) Cu 2p；(c) O 1s；(d) C 1s

MOFs 材料也不例外。本实验中，在 77 K 和 1 atm 压力下，得到的吸附—脱附等温线如图 5.7 所示，该曲线属于 IV 型等温线，有滞后环和高压平台的特征，体现了材料的介孔特点。HKUST-1 Shell 吸附硝基苯前后的吸附量分别为 534.9 cm^3/g 和 208.5 cm^3/g，经 BET 多点法计算得出，吸附前其 BET 为 731.37 m^2/g，吸附后为 341.58 m^2/g，总孔体积对应吸附前后分别为 0.83 cm^3/g 和 0.56 cm^3/g，由于吸附有机物后孔道或者中空壳被有机物分子占据，使 N$_2$ 吸附量及比表面积急剧减小。

为了进一步研究孔道大小，测试了 HKUST-1 Shell 的孔分布曲线，如图 5.8 所示，通过对比图中灰色和黑色曲线，分别在 8 nm 和 10 nm 处出现第一个尖峰表示微孔的孔道；18 nm 处出现的宽峰为颗粒与颗粒相互堆积出的孔，而不是材料本身真实的孔，或者是由于材料表面比较粗糙造成的；黑色曲线相比灰色曲线明显多出来的尖峰则是壳的空腔大小，大约为 25 nm。

MOFs 由于具有较大的比表面积、较高的孔隙占有率和较强的稳定性，在气体分子的选择性吸附分离和存储方面具有良好的应用前景。因此，我们分别在 273 K 和 298 K 的条件下测量了对 CO_2 和 N_2 的吸附量。有趣的是，在 1 atm 压力下，HKUST-1 Shell 在不同温度下对 CO_2 均有很强的选择吸附性。此外，CO_2 的吸附等温线也呈现典型的Ⅳ型曲线，吸附量在开始时逐渐增加，达到一个高峰，然后突然解吸，导致明显的吸附滞后。在 273 K 时，HKUST-1 Shell 吸附硝基苯前后对 CO_2 吸附量分别为 123.67 cm^3/g 和 33.44 cm^3/g，而对 N_2 的吸附量分别为 14.39 cm^3/g 和 9.13 cm^3/g［图 5.9（a）］；在 298 K 时，HKUST-1 Shell 吸附硝基苯前后对 CO_2 吸附量分别为 91.98 cm^3/g 和 28.40 cm^3/g，而对 N_2 的吸附量分别为 12.44 cm^3/g 和 4.46 cm^3/g［图 5.9（b）］。通过比较 HKUST-1 Shell 对 CO_2 和

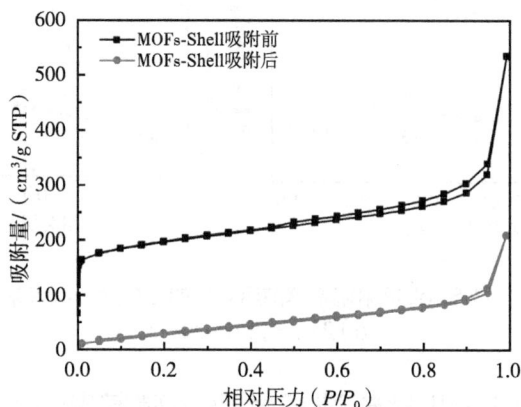

图 5.7　HKUST-1 Shell 材料在 77 K 条件下的 N_2 吸附—脱附等温线

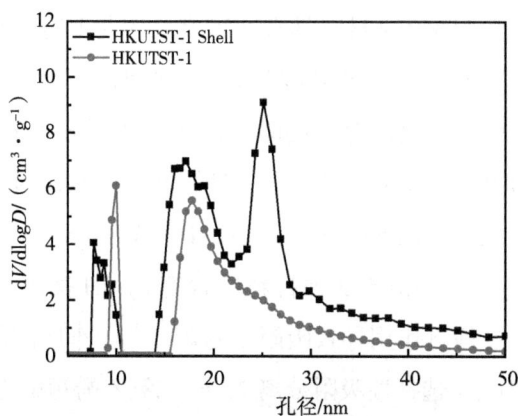

图 5.8　HKUST-1 Shell 材料的孔分布曲线

N_2 的吸附量存在明显差异，当 N_2 与 MOFs 的骨架在较高温度下的相互作用减弱时，其吸附量远小于在 273 K 和 298 K 下的 CO_2 吸附量。因此，我们认为该材料在 CO_2/N_2 混合气体的分离中具有潜在的应用前景。HKUST-1 Shell 对 CO_2 的吸附量高于 N_2 可归因于 CO_2 的动力学直径小于 N_2（CO_2，3.3 Å；N_2，3.6 Å）。另外，HKUST-1 Shell 对 CO_2 具有良好的选择性吸附还可归因于 CO_2 的高四极矩（$-1.4 \times 10^{-39}\,cm^2$）高于 N_2（$-4.7 \times 10^{-40}\,cm^2$），这使 CO_2 与骨架存在特定相互作用以增强吸附能力。

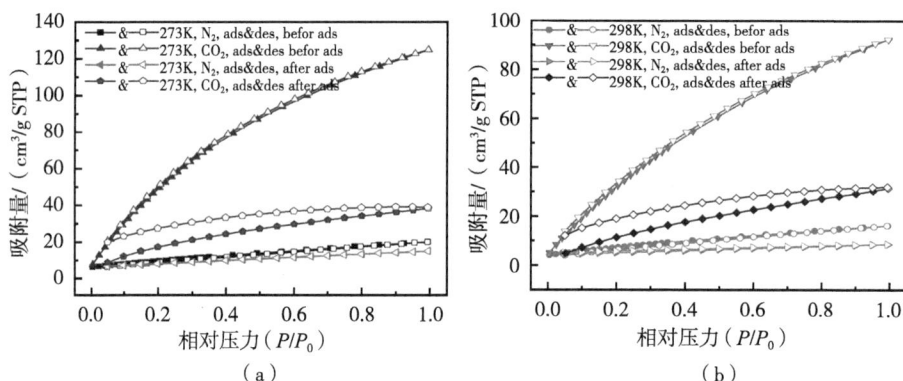

图 5.9　HKUST-1 Shell 吸附硝基苯前后对应的 CO_2 和 N_2 吸附—脱附等温线：
（a）273 K；（b）298 K

5.3.7　HKUST-1 Shell 材料选择性吸附硝基苯的研究

目前，利用具有孔道结构的 MOFs 材料对有机物分子进行吸附 / 去除和分离的报道已有很多。当 MOFs 材料具有适宜尺寸的孔道时，有机物分子会向孔道内扩散。通过有机物分子与 MOFs 材料骨架之间作用力的不同，可以调控有机物分子在 MOFs 材料孔道内存留的时间，从而达到分离的目的。利用 MOFs 材料处理水相中 BOPs 的研究也取得了一定的进展，如我国北京化工大学仲崇利教授课题组研究发现 MIL-53（Al）、CAU-1 和 MIL-68（Al）具有优异的对硝基苯的吸附性能，主要是由于 3 种材料中含有 μ_2-OH 基团，使 -OH 基团与硝基苯结合，另外通过静电作用导致吸附硝基苯[183]。车广波课题组开展了利用 MOFs 材料 Cu_2（BTC）$_3$ 选择性吸附分离 2，6- 二氯苯酚污染物方面的研究工作。上述研究探讨了影响吸附量的因素、吸附机理及吸附过程中的动力学和热力学过程，成功地实现了选择性吸附分离 2，6- 二氯苯酚污染物[184]。因此，本章利用 HKUST-1 Shell 材料开展对硝基苯吸附 / 去除的研究。通常情况下，废水中含有多种共存的有机污染物，为了考察 HKUST-1 Shell 选择性吸附硝基苯（NB）的效果，我们选择苯酚（BP）和对硝基苯（PNP）作为对比吸附剂，结果如图 5.10 所示。从图 5.10 中可以看出，HKUST-1 Shell 对 NB 的吸附效果远大于对 BP 和 PNP 的吸附效果，298 K 时最大吸附量分别为 94.67 mg/g、16.10 mg/g 和 43.02 mg/g。

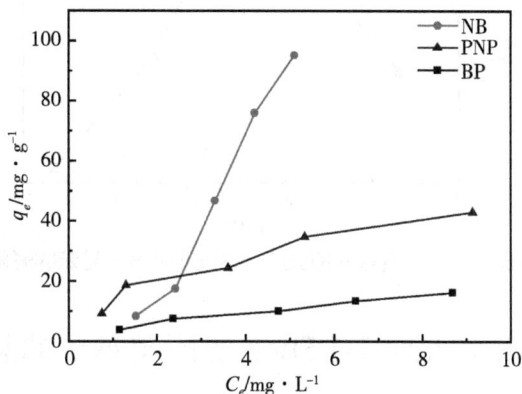

图 5.10　HKUST-1 Shell 选择性吸附水中硝基苯的效果图

5.3.8　pH 值对 HKUST-1 Shell 吸附硝基苯的影响

对大多数吸附过程而言，溶液 pH 值是影响吸附量的主要因素之一，直接影响吸附剂表面金属吸附位点和金属离子的化学形态。因此，我们首先研究了硝基苯初始浓度为 50 mg/L，pH=3.0 ~ 12.0 范围内 HKUST-1 Shell 的吸附性能，如图 5.11 所示。从图 5.11 中可以看出，从酸性到中性过程中，随着 pH 值的升高 HKUST-1 Shell 对硝基苯的吸附量也随之增加；在中性条件下，吸附量几乎保持不变；而当 pH 值增加至碱性条件下，吸附量大幅度下降。一般情况下，有机物与固体表面的吸附机理可归为静电吸附作用、离子交换、π-π 相互作用、表面金属阳离子的络合作用、氢键作用、离子偶极作用和憎水作用等[185, 186]。当溶液处于较酸性条件下，HKUST-1 Shell 的骨架可能发生破坏，使其与硝基苯之间的相互作用减弱，导致吸附量明显降低；当溶液处于中性条件下，吸附量保持恒定，主要由于弱的离子竞争作用，说明该溶液具有较温和酸碱环境，硝基苯不具备破坏材料结构的能力；然而，在较碱性条件下，溶液中 OH^- 的含量逐渐升高，与硝基苯间的竞争作用逐渐增大，同时过量的 OH^- 引发材料的结晶度下降，甚至结构坍塌，导致吸附量逐渐降低[187]。

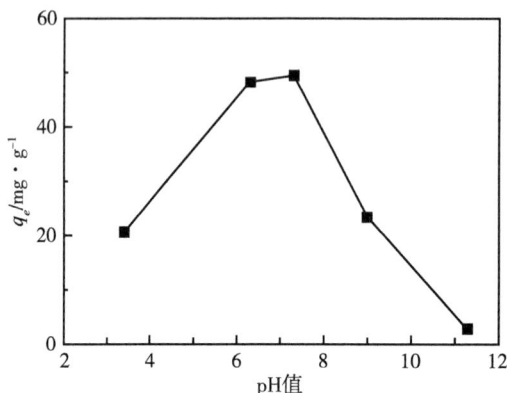

图 5.11　pH 值对 HKUST-1 Shell 吸附硝基苯的影响

5.3.9　混合时间对 HKUST-1 Shell 吸附硝基苯的影响

称取约 50 mg HKUST-1 Shell 吸附剂样品，分别加入到 10 mg/L、20 mg/L、50 mg/L、80 mg/L、100 mg/L 的硝基苯溶液中，在 20 ℃下恒温振荡，考察不同混合时间对硝基苯吸附效果的影响，结果如图 5.12 所示。在初始阶段 15 min 内，不同质量浓度的溶液就已经表现出较快的吸附趋势，并且吸附量急剧增大，这主要是由于硝基苯分子表面具有一定的疏水性，促进硝基苯在 MOFs 材料上的吸附。随着时间的增加，吸附量随之增大，当时间达到 40 min 时，吸附量基本达到平衡，即吸附过程达到饱和状态。同时，对比不同质量浓度下 HKUST-1 Shell 吸附硝基苯的平衡时间，发现不同质量浓度对吸附平衡时间几乎没有影响。因此，我们选择 40 min 作为 HKUST-1 Shell 吸附硝基苯的最佳吸附时间，为接下来研究吸附热力学和动力学性能提供良好的条件。

5.3.10　温度对 HKUST-1 Shell 吸附硝基苯的影响

据文献报道，不同的温度在吸附过程会产生不同的影响，因此本实验在温度分别为 298 K、308 K 和 318 K 下测试不同质量浓度的 HKUST-1 Shell 吸附硝基苯的效果。如图 5.13 所示，当吸附温度从 298 K 增加到 318 K 时，HKUST-1 Shell 的吸附量急剧下降，这主要由于吸附是放热过程，所以只要达到了吸附平衡，随着温度的升高，使硝基苯污染物与 HKUST-1 Shell 材料之间的相互作用减弱，最终导致吸附量急剧下降。一般情况下，吸附热较小，溶液温度的影响较小，吸附热越大，温度对吸附量的影响越大。如果温度升高，吸附能力减弱，说明低温对吸附过程有利；如果温度升高，吸附能力增强，说明高温对吸附过程有利；另外，温度对吸附的影响，低温有利于物理吸附，而升高温度有利于化学吸附。通过以上实验结果分析，低温更有利于 HKUST-1 Shell 材料对硝基苯的吸附。

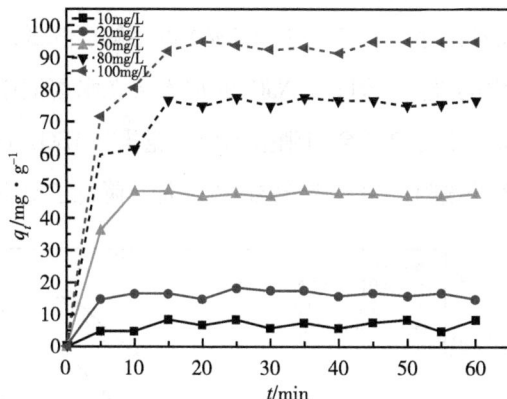

图 5.12　混合时间对 HKUST-1 Shell 吸附硝基苯的影响

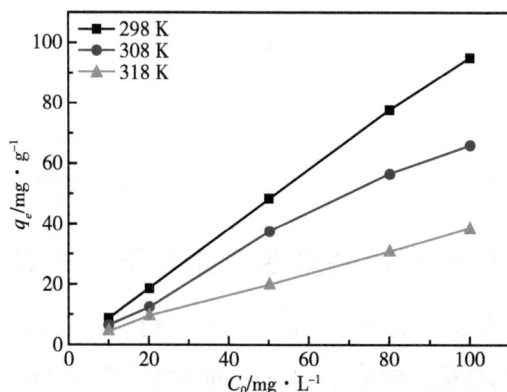

图 5.13　吸附温度对 HKUST-1 Shell 吸附硝基苯的影响

5.3.11 离子强度对 HKUST-1 Shell 吸附硝基苯的影响

离子强度对吸附的影响主要包括对材料本身存在形态的影响和对吸附剂表面吸附点位的影响。鉴于 NaCl 是有机物污染物吸附过程中的常用物质，因此本实验中选用 NaCl 来调节硝基苯溶液的离子强度。对于多孔介质来说，如果 NaCl 的加入使金属的水合半径受到影响，那么有可能在吸附时产生空间位阻；如果是对于离子交换式的吸附，NaCl 的加入可能竞争了吸附点位。马军研究团队考察了离子强度对 MCM-41 吸附硝基苯的影响，发现随着离子强度的增加能提高 MCM-41 对硝基苯的吸附[188]。如图 5.14 所示，随着离子强度的增加 HKUST-1 Shell 吸附硝基苯的吸附量逐渐减小。这主要由于硝基苯是一种弱极性疏水污染物，随着溶液离子强度从 0.01 mol/L 增加到 1 mol/L 时，硝基苯在其溶液中的溶解度降低，可以促进硝基苯在 HKUST-1 Shell 孔道内的吸附。但是，NaCl 的加入会在水溶液中电离出 Na^+ 和 Cl^-，随着离子强度的增加，2 种离子会与硝基苯分子竞争在 HKUST-1 Shell 孔道内吸附点位，阻碍了硝基苯的吸附，导致离子强度的增加，降低了对硝基苯的吸附量。

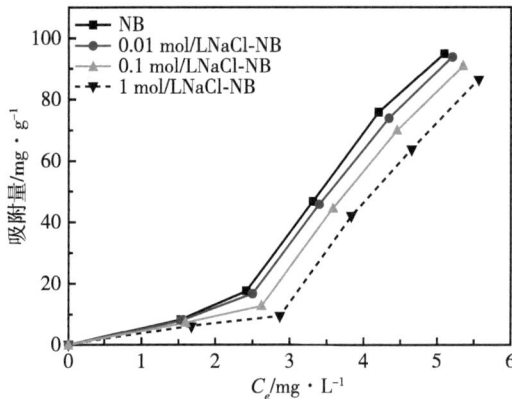

图 5.14　离子强度对 HKUST-1 Shell 吸附硝基苯的影响

5.3.12 HKUST-1 Shell 对硝基苯吸附等温线的研究

根据 HKUST-1 Shell 对硝基苯平衡浓度与平衡吸附量之间的关系，我们用 2 种经典等温线模型对数据进行拟合：Langmuir 模型[189]和 Freundlich 模型[190]。

Langmuir 方程是常用的吸附等温线方程之一，1916 年由物理化学家朗格缪尔（Langmuir Itying）根据分子运动理论和一些假设提出的，其理论模型的建立基于 4 种理想条件下：①吸附剂的表面是均匀的，各吸附中心的能量相同；②吸附粒子间的相互作用可以忽略；③吸附粒子与空的吸附中心通过有效碰撞才有可能被吸附，并且只占据一个吸附中心，表明吸附是单层的，定位的；④在一定条件下，吸附与脱附速率相等，达到吸附平衡。具体方程如式（5.2）所示。

$$\text{Langmuir 方程：} \quad \frac{C_e}{q_e} = \frac{1}{K_L q} + \frac{C_e}{q} \tag{5.2}$$

式（5.2）中，q 是 HKUST-1 Shell 的最大吸附量（mg/g）；qe 是平衡时 HKUST-1 Shell 的吸附量（mg/g）；Ce 是平衡时硝基苯溶液的质量浓度（mg/L）；K_L 是与吸附能有关的 Langmuir 常数（L/g）。我们以 $Ce \sim Ce/qe$ 拟合出一条线性直线，根据相应的斜率和截距，便可计算得到 q 和 K_L。

Freundlich 模型是表面吸附的一个重要类型，也是一个纯经验公式。因此，获得了广泛的应用。具体方程如式（5.3）所示。

$$\text{Freundlich 方程：} \ln q_e = \ln K_F + \frac{1}{n} \ln C_e \tag{5.3}$$

式（5.3）中，qe 是平衡时 HKUST-1 Shell 的吸附量（mg/g）；Ce 是平衡时硝基苯溶液的质量浓度（mg/L）；K_F 为 Freundlich 常数 $[(\text{L/mg})^{1/n} \cdot \text{mg/g}]$；$1/n$ 为与吸附强度有关的参数。我们以 $\ln Ce \sim \ln qe$ 拟合出一条线性直线，根据相应的斜率和截距便可计算得到 $1/n$ 和 K_F。

根据 Langmuir 模型和 Freundlich 模型对实验数据进行线性拟合，结果如图 5.15 所示，拟合的相关参数如表 5.3 所示。从表 5.3 中线性相关系数 R^2 的值

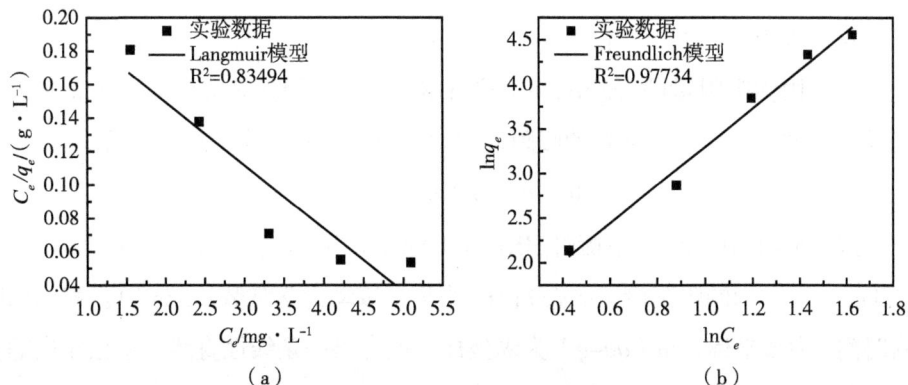

图 5.15　HKUST-1 Shell 对硝基苯的吸附等温线：（a）Langmuir 模型；（b）Freundlich 模型

可以看出，HKUST-1 Shell 吸附硝基苯的 Freundlich 模型相比 Langmuir 模型能够更好地拟合，这表明 HKUST-1 Shell 对硝基苯的吸附过程更符合 Freundlich 模型，说明吸附形式以非均相吸附在 HKUST-1 Shell 孔道。此外，Langmuir 模型计算得到的最大理论吸附量为 26.53 mg/g，与实际测定的吸附量 94.91 mg/g 相差很大，说明理论值与实验值没有很好的吻合。

表 5.3　HKUST-1 Shell 对硝基苯的吸附等温线拟合相关参数

Langmuir 模型			Freundlich 模型		
q	K_L	R^2	K_F	$1/n$	R^2
mg/g	L/g	—	$(L/mg)^{1/n} \cdot mg/g$	—	—
26.53	0.1678	0.83494	3.19	2.1289	0.97734

5.3.13　HKUST-1 Shell 对硝基苯吸附动力学的研究

　　吸附动力学的过程主要以吸附时间与吸附量的关系曲线为依据，通过动力学的 2 种经典模型对数据进行拟合，从而探讨吸附机理。目前比较常用的吸附动力学方程为拟一级吸附动力学方程[191]和拟二级吸附动力学方程[192]。采用一级动力学吸附模型处理数据时，需要先得到 q_e 值，但在收集吸附数据时，可能由于吸附过程太慢，达到平衡所需时间太长，因而难以准确测得平衡吸附量 q_e 值，因此一级动力学吸附模型在描述吸附的过程中受到一定限制。如果吸附过程符合二级动力学吸附模型，则说明吸附动力学主要受化学作用控制，而不是受物质传输步骤控制。

　　拟一级吸附动力学方程：

　　基于固体吸附量的 Lagergren（拉格尔格伦）一级速率方程是最为常见的吸附动力学方程，应用于液相的吸附动力学。模型方程如式（5.4）所示。

$$\ln(q_e - q_t) = \ln q_e - K_1 t \tag{5.4}$$

　　式（5.4）中，qe 是平衡时 HKUST-1 Shell 的吸附量（mg/g）；qt 是 HKUST-1-Shell 在 t 时刻的吸附量（mg/g）；K_1 为拟一级动力学常数（min^{-1}）。我们以吸附时间 t 为横坐标，$\ln(qe-q)$ 为纵坐标，拟合出一条线性直线，根据相应的斜率和截距便可计算得到 qe 和 K_1。

拟二级吸附动力学方程：

$$\frac{t}{q_t} = \frac{1}{K_2 q_e^2} + \frac{t}{q_e} \tag{5.5}$$

式（5.5）中，q_e 是平衡时 HKUST-1 Shell 的吸附量（mg/g）；q_t 是 HKUST-1 Shell 在 t 时刻的吸附量（mg/g）；K_2 为拟二级动力学常数 [g/（mg·min）]。我们以吸附时间 t 为横坐标，t/q_t 为纵坐标，拟合出一条线性直线，根据相应的斜率和截距便可计算得到 q_e 和 K_2。

根据 2 个经典动力学模型对实验数据进行线性拟合，拟合结果和相关参数如图 5.16 和表 5.4 所示，通过对比不同浓度下吸附的动力学线性相关系数，发现二级动力学系数 R^2 值为 0.9994，远高于一级动力学系数，并且通过拟合计算得到的吸附量与实际吸附量比较接近。因此，HKUST-1 Shell 对硝基苯的吸附过程较好地符合二级动力学吸附模型，说明吸附动力学主要受化学作用控制。

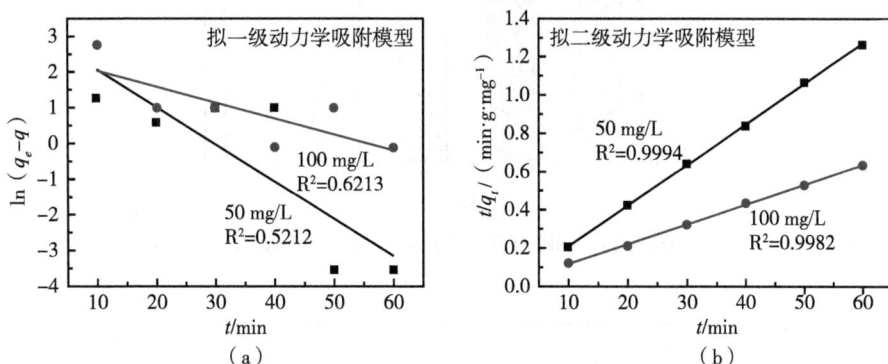

图 5.16　HKUST-1 Shell 对硝基苯的吸附动力学拟合：（a）拟一级动力学吸附模型；（b）拟二级动力学吸附模型

表 5.4　HKUST-1 Shell 对硝基苯的吸附动力学拟合相关参数

C_0（mg/L）（mg/g）	$Q_{e, exp}$	拟一级动力学吸附模型			拟二级动力学吸附模型		
		$q_{e, cal}$	K_1	R^2	$q_{e, cal}$	K_2	R^2
		mg/g	min^{-1}		mg/g	g·mg^{-1}·min^{-1}	
50	46.69	8.4469	1.1039	0.5212	47.30	0.2629	0.9994
100	94.91	6.7150	0.0441	0.6213	97.18	0.0066	0.9982

5.3.14 HKUST-1 Shell 的再生实验

吸附剂的稳定性是实际应用中需要考虑的一个重要因素。我们通过循环吸附实验考察了 HKUST-1 Shell 吸附剂的稳定性，如图 5.17 所示，在连续 4 次重复循环使用后，HKUST-1 Shell 仍保持高效的吸附性能。同时，如图 5.18 所示显示了在吸附反应前后 HKUST-1 Shell 的 PXRD 谱图，可以清晰看到 4 次循环实验之后，吸附剂特征衍射峰位和比率与原来基本相同。上述结果表明，HKUST-1 Shell 在吸附硝基苯的过程中具有较高的稳定性和良好的吸附性能。

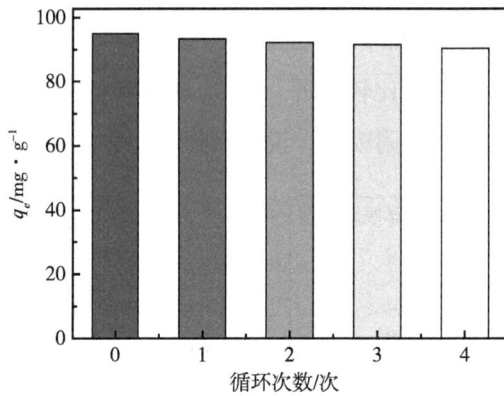

图 5.17　HKUST-1 Shell 的再生循环实验

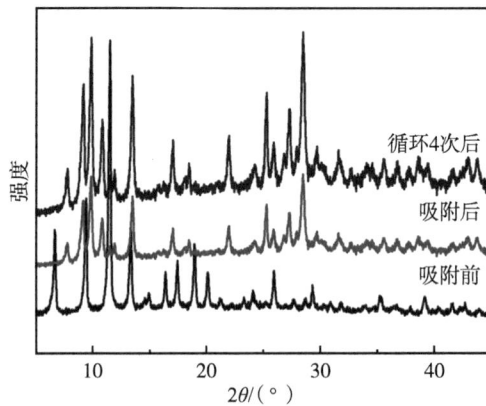

图 5.18　HKUST-1 Shell 经过 4 次循环后的 PXRD 谱图

5.4 本章小结

本章利用原位生长技术成功合成了中空结构的 HKUST-1 Shell 材料。通过 PXRD、FT-IR、TEM 及 UV-vis DRS 固体紫外漫反射等技术对材料进行了表征，考察了混合时间、温度、pH 值等因素对 HKUST-1 Shell 吸附硝基苯的影响，并初步探讨了吸附机理，主要结论如下。

（1）HKUST-1 Shell 对硝基苯的吸附效果远大于对苯酚的吸附效果，298 K 时最大吸附量分别为 94.67 mg/g、16.10 mg/g 和 43.02 mg/g，说明 HKUST-1 Shell 可以选择性吸附分离水中的硝基苯。

（2）通过吸附硝基苯的实验表明，吸附过程在 40 min 内即可达到吸附平衡，吸附量则随着溶液质量浓度的增加呈现线性增长趋势；随着温度、pH 值和离子强度的增大，HKUST-1 Shell 对硝基苯的吸附量逐渐降低。

（3）实验结果通过吸附等温线和动力学方程的拟合可知，HKUST-1 Shell 对硝基苯的吸附能较好地符合 Freundlich 模型，说明吸附形式以非均相吸附在 HKUST-1 Shell 孔道；吸附过程能够较好地符合二级动力学吸附模型，说明吸附动力学主要受化学作用控制。

（4）再生实验表明，HKUST-1 Shell 在吸附硝基苯的过程中仍具有良好的稳定性和吸附能力。

总结

  近 20 年来，MOFs 作为新型的功能材料，受到了学术界和工业领域的广泛关注。它不仅具有类似沸石分子筛规则孔道的晶态结构，同时具有比传统多孔材料更高的比表面积，由于有机成分的存在又使其兼具可设计性、可剪裁性、孔道尺寸可调节性、孔道表面易功能化等特点。MOFs 除了拥有以上特点，其化学组成、粒径大小以及形貌对其性能也有很大的影响。通过对 MOFs 的形貌和大小进行调控，获得尺寸均一、形貌更为规整、暴露活性位点更多的 MOFs 材料，将大大拓展 MOFs 在催化、荧光传感，以及吸附与分离等诸多领域的应用。本专著通过不同方法有针对性地制备了一系列具有催化、发光、吸附性能的新型 MOFs 材料，具体研究内容如下。

  （1）利用 H_4L 配体与金属离子进行组装，在溶剂热条件下成功制备了 4 种新型 MOFs 材料：$[Zn_2L]_n$（1）、$[Mn(H_2L)(H_2O)]_n$（2）、$[Cd(H_2L)(H_2O)_2]_n \cdot nH_2O$（3）和 $[Pb_2L(H_2O)]_n \cdot 3nH_2O \cdot nDMF$（4）。随着金属和配体配位方式的改变，配合物从二维层状结构转变为三维超分子骨架结构，并且光催化活性也随之改变。此外，光催化实验结果表明，在可见光照射下，配合物 1 对 MB 显示出良好的光催化降解性能，在 210 min 的可见光照射下，其 MB 的降解率可达 91.4%。这主要归因于配合物 1 良好的吸附性能以及光生电子—空穴对的有效分离。

  （2）选用 2-HNCP、3-HNCP 作为主配体，$H_2N\text{-}H_2bpdc$ 为辅助配体与金属离子 Cu^{2+}、Pb^{2+} 和 Cd^{2+} 结合，在水热条件下成功制备了 3 种新型 MOFs 材料：$[Cu_2(2\text{-}NCP)_2(H_2N\text{-}bpdc)]_n$（5）、$[Pb_2(2\text{-}NCP)_2(H_2N\text{-}bpdc)]_n$（6）和 $[Cd(3\text{-}NCP)_2]_n$（7）。

配合物 5 ~ 7 通过 π-π 堆积作用均可形成二维层状结构和三维超分子结构。通过配合物 7 对小分子溶剂和金属离子的荧光传感测试表明，该配合物对硝基苯和 Fe^{3+} 存在着最显著的荧光猝灭效应。通过进一步的检测机理得知，激发电子的竞争吸收、转移和碰撞相互作用都可能导致荧光猝灭。

（3）选用 4-HNCP 作为主配体，不同羧酸（1，4-H_2bdc 和 4，4'-H_2bpdc）为辅助配体，在水热条件下成功合成了 3 种新型 Ln-MOFs 材料：［Eu（4-NCP）（1，4-bdc）］$_n$·0.5H_2O（8）、［Tb（4-NCP）（1，4-bdc）］$_n$·2H_2O（9） 和［Eu（4-NCP）（4，4'-bpdc）］$_n$·0.75H_2O（10）。以上 3 种荧光 MOFs 材料均呈现拓扑符号为 4^{12}·6^3 的三维超分子网络结构。通过对其热稳定性和气体吸附性能的探究，这 3 种 MOFs 材料具有良好的热稳定性和对 CO_2 气体的选择吸附性。此外，配合物 10 对金属离子和硝基芳香族化合物进行荧光传感性能的研究，结果表明，Fe^{3+} 和硝基苯表现出最明显的猝灭现象，并且具有良好的抗干扰性和循环使用性。以上实验结果表明配合物 10 可潜在的应用在荧光检测领域。

（4）利用原位生长技术成功合成了中空结构的 HKUST-1 Shell 材料。HKUST-1 Shell 材料对水中的硝基苯具有良好的吸附效果。通过对气体吸附性能的探究，该材料具有高的比表面积和对 CO_2 气体的选择吸附性。通过吸附硝基苯的实验表明，吸附过程在 40 min 内即可达到吸附平衡，吸附量则随着溶液质量浓度的增加呈现线性增长趋势；随着温度、pH 值和离子强度的增大，HKUST-1 Shell 对硝基苯的吸附量逐渐降低。实验结果通过吸附等温线和动力学方程的拟合可知，HKUST-1 Shell 对硝基苯的吸附能较好地符合 Freundlich 模型，说明吸附形式以非均相吸附在 HKUST-1 Shell 孔道；吸附过程能够较好地符合二级动力学吸附模型，说明吸附动力学主要受化学作用控制。基于以上分析结果，该项工作为构筑具有良好吸附性能的孔道材料奠定了基础，在选择性吸附与分离领域具有潜在的应用前景。

参 考 文 献

［1］Lin S S, Shen S L, Zhou A, et al. Sustainable development and environmental restoration in lake erhai, china ［J］. J. Clean. Prod., 2020, 258: 120758-120814.

［2］Gawwad H A A, Mohammed M S, Ads E N. A novel eco-sustainable approach for the cleaner production of ready-mix alkali activated cement using industrial solid wastes and organic-based activator powder ［J］. J. Clean. Prod., 2020, 256: 120705-120762.

［3］Dailly A, Poirier E. Evaluation of an industrial pilot scale densified MOF-177 adsorbent as an on-board hydrogen storage medium ［J］. Energ. Environ. Sci., 2011, 4 (9): 3527-3534.

［4］Ma F J, Liu S X, Sun C Y, et al. A sodalite-type porous metal-organic framework with polyoxometalate templates: Adsorption and decomposition of dimethyl methylphosphonate ［J］. J. Am. Chem. Soc., 2011, 133 (12): 4178-4181.

［5］Coe B J. Developing iron and ruthenium complexes for potential nonlinear optical applications ［J］. Coord. Chem. Rev., 2013, 257 (9-10): 1438-1458.

［6］Huang B Y, Liu T F, Lin J X, et al. Homochiral nickel coordination polymers based on salen (Ni) metalloligands: Synthesis, structure, and catalytic alkene epoxidation ［J］. Inorg. Chem., 2011, 50 (6): 2191-2198.

［7］Liu Y Y, Li J R, Liu T F, et al. Isostructural metal-organic frameworks assembled from functionalized diisophthalate ligands through a ligand-truncation strategy ［J］. Chem. Eur. J., 2013, 19 (18): 5637-5643.

［8］Suh M P, Park H J, Prasad T K, et al. Hydrogen storage in metal-organic frameworks ［J］. Chem. Rev., 2012, 112 (2): 782-835.

［9］Sathre R, Masanet E. Prospective life-cycle modeling of a carbon capture and storage system using metal-organic frameworks for CO_2 capture ［J］. RSC Adv., 2013, 3 (15): 4964-4975.

［10］Yaghi O M，Li G M，Li H L. Selective binding and removal of guests in a microporous metal-organic framework［J］. Nature，1995，378（6558）：703–706.

［11］Li H，Eddaoudi M，Keeffe O M，et al. Design and synthesis of an exceptionally stable and highly porous metal-organic framework［J］. Nature，1999，402（6759）：276–279.

［12］Eddaoudi M，Kim J，Rosi N，et al. Systematic design of pore size and functionality in isoreticular MOFs and their application in methane storage［J］. Science，2002，295（5554）：469–472.

［13］Chae H K，Siberio P D Y，Kim J，et al. A route to high surface area，porosity and inclusion of large molecules in crystals［J］. Nature，2004，427（6974）：523–527.

［14］Férey G，Mellot D C，Serre C，et al. A chromium terephthalate-based solid with unusually large pore volumes and surface area［J］. Science，2005，309（5743）：2040–2042.

［15］Furukawa H，Cordova E K，Keeffe O M，et al. The chemistry and applications of metal-organic frameworks［J］. Science，2013，341（6149）：1230444.

［16］McKinstry C，Cathcart R J，Cussen E J，et al. Scalable continuous solvothermal synthesis of metal organic frame-work（MOF-5）crystals［J］. Chem. Eng. J.，2016，285：718–725.

［17］Wang J，Huang X L，Cai S L，et al. Synthesis，crystal structure and adsorption property of a microporous Cd（Ⅱ）metal-organic framework based on 1H-imidazo［4，5-f］［1，10］phenanthroline［J］. Polyhedron，2018，152：17–21.

［18］Tian T，Zeng Z，Vulpe D，et al. A sol-gel monolithic metal-organic framework with enhanced methane uptake［J］. Nat. Mater.，2018，17（2）：174–179.

［19］Wu J Y，Chao T C，Zhong M S. Influence of counteranions on the structural modulation of silver-di（3-pyridylmethyl）amine coordination polymers［J］. Cryst. Growth Des.，2013，13：2953–2964.

［20］Hillman F，Brito J，Jeong H K. Rapid one-pot microwave synthesis of mixed-linker hybrid zeolitic-imidazolate framework membranes for tunable gas separwtions［J］. ACS Appl. Mater. Inter，2018，10（6）：5586–5593.

［21］Babu R，Roshan R，Kathalikkattil A C，et al. Rapid，microwave-assisted synthesis of cubic，three-dimensional，high porous MOF-205 for room temperature CO_2 fixation via cyclic carbonate synthesis［J］. ACS Appl. Mater. Inter，2016，8（49）：33723–33731.

［22］Jeon Y M，Heo J，Mirkin C A. Dynamic interconversion of amorphous microparticles and crystalline rods in salen-based homochiral infinite coordination polymers [J]. J. Am. Chem. Soc., 2007, 129 (24): 7480–7481.

[23] Zhang P, Guo Y N, Tang J K. Recent advances in dysprosium-based single molecule magnets: Structural overview and synthetic strategies [J]. Coord. Chem. Rev., 2013, 257 (11–12): 1728–1763.

[24] Zhang T, Lin W B. Metal-organic frameworks for artificial photosynthesis and photocatalysis [J]. Chem. Soc. Rev., 2014, 43 (16): 5982–5993.

[25] Ockwig N W, Delgado F O, Yaghi O M, et al. Reticular chemistry: Occurrence and taxonomy of nets and grammar for the design of frameworks [J]. Acc. Chem. Res., 2005, 38: 176–182.

[26] Stoddart J F. The master of chemical topology [J]. Chem. Soc. Rev., 2009, 38 (3): 1521–1529.

[27] Eddaoudi M, Kim J, Rosi N, et al. Systematic design of pore size and functionality in isoreticular MOFs and their application in methane storage [J]. Science, 2002, 295 (5554): 469–472.

[28] Dubbeldam D, Frost H, Walton K S, et al. Molecular simulation of adsorption sites of light gases in the metal-organic framework IRMOF-1 [J]. Fluid Phase Equilibr., 2007, 261 (1–2): 152–161.

[29] Xu Q, Liu D H, Yang Q Y, et al. Molecular simulation study of the quantum effects of hydrogen adsorption in metal-organic frameworks: Influences of pore size and temperature [J]. Mol. Simul., 2009, 35 (9): 748–754.

[30] Mu W, Liu D H, Zhong C L. A computational study of the effect of doping metals on CO_2/CH_4 separation in metal-organic frameworks [J]. Micropor. Mesopor. Mat., 2011 (143): 66–72.

[31] Yang Q Y, Zhong C L. Molecular simulation of carbon dioxide/methane/hydrogen mixture adsorption in metal-organic frameworks [J]. J. Phys. Chem. B, 2006 (110): 17776–17783.

[32] Xu Q, Liu D H, Yang Q Y, et al. Li-modifed metal-organic frameworks for CO_2/CH_4 separation: A route to achieving high adsorption selectivity [J]. J. Mater. Chem., 2010, 20 (4): 706–714.

[33] Li B, Wei S H, Chen L. Molecular simulation of CO_2, N_2 and CH_4 adsorption and separation in ZIF-78 and ZIF-79 [J]. Mol. Simul., 2011, 37 (13): 1131–1142.

[34] Wang B, Cote A P, Furukawa H, et al. Colossal cages in zeolitic imidazolate frameworks

as selective carbon dioxide reservoirs [J]. Nature, 2008, 453 (7192): 207–211.

[35] Banerjee R, Phan A, Wang B, et al. High-throughput synthesis of zeolitic imidazolate frameworks and application to CO_2 capture [J]. Science, 2008, 319 (5865): 939–943.

[36] Raimondas G, Ben S, Caroline M D, et al. Comparison of the relative stabilityof zinc and lithium-boron zeolitic imidazolate frameworks [J]. CrystEngComm, 2012, 14 (2): 374–378.

[37] Bassem A, Stefano L, Gotthard S. Hydrogen adsorption sites in zeolite imidazolate frameworks ZIF-8 and ZIF-11 [J]. J. Phys. Chem. C, 2010, 114 (31): 13381–13384.

[38] Kwon H T, Jeong H K. In situ synthesis of thin zeolitic-lmidazolate framework ZIF-8 membranes exhibiting exceptionally high propylene/propane separation [J]. J. Am. Chem. Soc., 2013, 135 (29): 10763–10768.

[39] Park K S, Ni Z, Choi J Y, et al. Exceptional chemical and thermal stability of zeolitic imidazolate frameworks [J]. P. Nalt. Acad. Sci., 2006, 5 (103): 10186–10191.

[40] Rankin R B, Liu J C, Kulkarni A D, et al. Adsorption and diffusion of light gases in ZIF-68 and ZIF-70: A simulation study [J]. J. Phys. Chem. C, 2009, 113 (39): 16906–16914.

[41] Banerjee R, Furukawa H, Britt D, et al. Control of pore size and functionality ir isoreticular zeolitic imidazolate frameworks and their carbon dioxide selective capture properties [J]. J. Am. Chem. Soc., 2009, 131 (11): 3875–3877.

[42] Perez P J, Amrouche H, Siperstein F R, et al. Adsorption of CO_2, CH_4, and N_2 on zeolitic imidazolate frameworks: Experiments and simulations [J]. Chem. Eur. J., 2010, 16 (5): 1560–1571.

[43] Barthelet K, Marrot J, Riou D, et al. A breathing hybrid organic-inorganic solid with very large pores and high magnetic characteristics [J]. Angew. Chem. Int. Edit., 2002, 41 (2): 281–284.

[44] Loiseau T, Serre C, Huguenard C, et al. A rationale for the large breathing of the porous aluminum terephthalate (MIL-53) upon hydration [J]. Chem. Eur. J., 2004, 10 (6): 1373–1382.

[45] Serre C, Millange F, Thouvenot C, et al. Very large breathing effect in the firstnanoporous chromium (II) -based solids: Cr^{III} (OH) $\{O_2C$-C_6H_4-$CO_2\}\{HO_2C$-C_6H_4-$CO_2H\}_xH_2O_y$ or MIL-53 [J]. J. Am. Chem. Soc., 2002, 124 (45): 13519–13526.

［46］Volkringer C, Meddouri M, Loiseau T, et al. The kagome topology of the gallium and indium metal-organic framework types with a MIL-68 structure: Synthesis, XRD, solid-state NMR characterizations and hydrogen adsorption［J］. Inorg. Chem., 2008, 47（24）: 11892-11901.

［47］Férey G, Serre C, Draznieks C M, et al. A hybrid solid with giant pores prepared by a combination of targeted chemistry, simulation, and powder diffraction［J］. Angew. Chem., 2004, 116（46）: 6456-6461.

［48］Férey G, Draznieks C M, Serre C, et al. A chromium terephthalate-based solid with unusually large pore volumes and surface area［J］, Science, 2005, 309（5743）: 2040-2042.

［49］Cavka J H, Jakobsen S, Olsbye U, et al. Hydrothermally synthesized nanobioMOFs, evaluated by photocatalytic hydrogen generation［J］. J. Am. Chem. Soc., 2008, 130（42）: 13850-13851.

［50］Dhakshinamoorthy A, Asiri A M, Garcia H. Catalysis by metal-organic frameworks in water［J］. Chem. Commun., 2014, 50（85）: 12800-12814.

［51］Yoon M, Srirambalaji R, Kim K. Homochiral metal-organic frameworks for asymmetric heterogeneous catalysis［J］. Chem. Rev., 2011, 112（2）: 1196-1231.

［52］Mahata P, Madras G, Natarajan S. Novel photocatalysts for the decomposition of organic dyes based on metal-organic framework compounds［J］. J. Phys. Chem. B, 2006, 110（28）: 13759-13768.

［53］Du J J, Yuan Y P, Sun J X, et al. New photocatalysts based on MIL-53 metal-organic frameworks for the decolorization of methylene blue dye［J］. J. Hazard. Mater., 2011, 190（1）: 945-951.

［54］Shen L, Liang S, Wu W, et al. Multifunctional NH_2-mediated zirconium metal-organic framework as an efficient visible-light-driven photocatalyst for selective oxidation of alcohols and reduction of aqueous Cr（Ⅵ）［J］. Dalton Trans., 2013, 42（37）: 13649-13657.

［55］Wang H, Yuan X, Wu Y, et al. Facile synthesis of smino-functionalized titanium metal-organic frameworks and their superior visible-light photocatalytic activity for Cr（Ⅵ）reduction［J］. J. Hazard. Mater., 2015, 286（4）: 187-194.

［56］Ai L, Zhang C, Li L, et al. Iron terephthalate metal-organic framework: Revealing the effective activation of hydrogen peroxide for the degradation of organic dye under visible light irradiation［J］. Appl. Catal. B Environ., 2014, 148（4）: 191-200.

［57］Etaiw H S E, Bendary E M. Degradation of methylene blue by catalytic and photo-catalytic processes catalyzed by the organotin-polymer 3 $[(Me_3Sn)_4Fe(CN)_6]$ ［J］. Appl. Catal. B Environ., 2012, 126（11）: 326–333.

［58］Wang L, Shan Y, Gu X, et al. Assembly and photocatalysis of three novel metal-organic frameworks tuned by metal polymeric motifs ［J］. J. Coord. Chem., 2015, 68（11）: 2014–2028.

［59］Qiao Y, Zhou Y F, Guan W S, et al. Syntheses, structures, and photocatalytic properties of two new one-dimensional chain transition metal complexes with mixed N, O-donor ligands ［J］. Inorg. Chim. Acta, 2017, 466（11）: 291–297.

［60］Shahrnoy A A, Mahjoub A R, Morsali A, et al. Sonochemical synthesis of polyoxometalate based of ionic crystal nanostructure: A photocatalyst for degradation of 2, 4-dichlorophenol ［J］. Ultrason. Sonochem., 2018, 40（1）: 174–183.

［61］Yam V W W, Au V K M, Leung S Y L. Light-emitting self-assembled materials based on d^8 and d^{10} transition metal complexes ［J］. Chem. Rev., 2015, 115（15）: 7589–7728.

［62］Kreno L E, Leong K, Fraha O K, et al. Metal-organic framework materials as chemical sensors ［J］. Chem. Rev., 2012, 112（2）: 1105–1125.

［63］Allendorf M D, Bauer C A, Bhakta R K, et al. Luminescent metal-organic frameworks ［J］. Chem. Soc. Rev., 2009, 38（5）: 1330–1352.

［64］Zhou J M, Wei S, Li H M, et al. Experimental studies and mechanism analysis of high-sensitivity luminescent sensing of pollutional small molecules and ions in Ln_4O_4 cluster based microporous metal-organic frameworks ［J］. J. Phys. Chem. C, 2014, 118（1）: 416–426.

［65］Lv R, Chen Z, Fu X, et al. A highly selective and fast-response fluorescent probe based on Cd-MOF for the visual detection of Al^{3+} ion and quantitative detection of Fe^{3+} ion ［J］. J. Solid State Chem., 2018, 259（3）: 67–72.

［66］Liu C H, Li J Z, Feng Y B, et al. Dye adsorption and fluorescence sensing behaviour about rare earth-indole carboxylic acid complexes［J］. J. Inorg. Organomet. P., 2018, 28（5）: 1839–1849.

［67］Flaig R W, Osborn Popp T M, Fracaroli A M, et al. The chemistry of CO_2 capture in an amine-functionalized metal-organic framework under dry and humid conditions ［J］. J. Am. Chem. Soc., 2017, 139（35）: 12125–12128.

［68］Chen Q, He Q, Lv M, et al. Selective adsorption of cationic dyes by UiO-66-NH_2 ［J］. Appl. Surf. Sci., 2015, 327: 77–85.

［69］He X, Min X, Luo X. Efficient removal of antimony（Ⅲ, Ⅴ）from contaminated water by amino modification of a zirconium metal-organic framework with mechanism study ［J］. J. Chem. Eng. Data, 2017, 62（4）: 1519-1529.

［70］Maes M, Schouteden S, Alaerts L, et al. Extracting organic contaminants from water using the metal-organic framework $Cr^{Ⅲ}$（OH）$\{O_2C-C_6H_4-CO_2\}$ ［J］. Phys. Chem. Chem. Phys., 2011, 13（13）: 5587-5589

［71］Suh M P, Park H J, Prasad T K, et al. Hydrogen storage in metal-organic frameworks ［J］. Chem. Rev., 2012, 112（2）: 782-835.

［72］Furukawa H, Ko N, Go Y B, et al. Ultrahigh porosity in metal-organic frameworks ［J］. Science, 2010, 329（5990）: 424-428.

［73］Ma S Q, Sun D F, Ambrogio M, et al. Framework-catenation isomerism in metal-organic frameworks and its impact on hydrogen uptake ［J］. J. Am. Chem. Soc., 2007, 129（7）: 1858-1859.

［74］Leslie J M, Mircea D, Jeffrey R L. Hydrogen storage in metal-organic frameworks ［J］. Chem. Soc. Rev., 2009, 38（5）: 1294-1314.

［75］Wang X Y, Wang Z M, Gao S. Detailed magnetic studies on Co（N_3）$_2$（4-acetylpyridine）$_2$: A weak-ferromagnet with a very big canting angle ［J］. Inorg. Chem., 2008, 47（13）: 5720-5726.

［76］Sun L, Li Y, Shi H. A ketone functionalized Gd（Ⅲ）-MOF with low cytotoxicity for anti-cancer drug delivery and inhibiting human liver cancer cells ［J］. J. Clust. Sci., 2019, 30（1）: 251-258.

［77］Solpan D, Guven O. Decoloration and degradation of some textile dyes by gamma irradiation ［J］. Radiat. Phys. Chem., 2002, 65（4-5）: 549-558.

［78］Al M F, Touraud E, Degorce D J, et al. Biodegradability enhancement of textile dyes and textile waste water by VUV photolysis ［J］. J. Photoch. Photobio. A, 2002, 153（1-3）: 191-197.

［79］Qasem N A, Mansour B R, Habib M A. An efficient CO_2 adsorptive storage using MOF-5 and MOF-177 ［J］. Appl. Energ., 2018, 210: 317-326.

［80］Rodrigues M A, Ribeiro J D S, Costa E D S, et al. Nanostructured membranes containing UiO-66（Zr）and MIL-101（Cr）for O_2/N_2 and CO_2/N_2 separation ［J］. Sep. Purif. Technol., 2018, 192（9）: 491-500.

［81］Chen T F, Han S Y, Wang Z P, et al. Modified UiO-66 frameworks with methylthio, thiol and sulfonic acid function groups: The structure and visible-light-driven photocatalytic property study [J]. Appl. Catal. B-Environ., 2019, 259: 118047–118054.

[82] Han L J, Kong Y J, Hou G Z, et al. A Europium-based MOF fluorescent probe for efficiently detecting malachite green and uric acid [J]. Inorg. Chem., 2020, 59 (10): 7181–7187.

[83] Qin B W, Huang K C, Zhang Y, et al. Diverse structures based on a heptanuclear cobalt cluster with 0D to 3D metal-organic frameworks: Magnetism and application in batteries [J]. Chem. Eur. J., 2018, 24 (8): 1962.

[84] Das C M, Xu H, Wang Z, et al. A Zn_4O-containing doubly interpenetrated porous metal-organic framework for photocatalytic decomposition of methyl orange [J]. Chem. Commun., 2011, 47 (42): 11715–11717.

[85] Gao Y W, Li S M, Li Y X, et al. Accelerated photocatalytic degradation of organic pollutant over metal-organic framework MIL-53 (Fe) under visible LED light mediated by persulfate [J]. Appl. Catal. B Environ., 2017, 202: 165–174.

[86] Islam M J, Kim H K, Reddy D A, et al. Hierarchical BiOI nanostructures supported on a metal organic framework as efficient photocatalysts for degradation of organic pollutants in wate [J]. Dalton Trans., 2017, 46 (18): 6013–6023.

[87] Gao C, Chen S, Quan X, et al. Enhanced fenton-like catalysis by ironbased metal organic frameworks for degradation of organic pollutants [J]. J. Catal., 2017, 356: 125–132.

[88] Zhang Q K, Yue C P, Zhang Y, et al. Tetranuclear cubane Cu_4O_4 complexes as prospective anticancer agents: Design, synthesis, structural elucidation, magnetism, computational and cytotoxicity studies [J]. Inorg. Chim. Acta, 2018, 473: 112–132.

[89] Zhou L, Wang Z G, Dong H Y, et al. Six isostructural lanthanide-containing MOFs built on a semi-rigid tripodal organic ligand [J]. Inorg. Chem. Commun., 2017, 78: 1–4.

[90] Cui J H, Du X H, Li C G. Insights into metal-organic frameworks by high performance liquid chromatography: Synthesis, equilibrium and mass transfer kinetics [J]. Synth. React. Inorg. M., 2018, 48: 44.

[91] Mo Z W, Zhou H L, Ye J W, et al. Tuning connectivity and flexibility of two zinc-triazolate-carboxylate type porous coordination polymers [J]. Cryst. Growth Des., 2018, 18 (5): 2694–2698.

[92] Sarker M, Song J Y, Jhung S H. Carboxylic-acid-functionalized UiO-66-NH_2: A promising adsorbent for both aqueous-and non-aqueous-phase adsorptions [J]. Chem. Eng. J., 2018, 331: 124–131.

［93］Liu Y, Liu L, Zhang X, et al. Four unprecedented cobalt (Ⅱ) and cadmium (Ⅱ) metal-organic frameworks based on a rigid tricarboxylate ligand: Synthesis, crystal structures, magnetic and fluorescence properties [J]. J. Mol. Struct., 2018, 1156: 583–591.

［94］Ma Y M, Liu T, Huang W H. Synthesis of a 3D lanthanum (Ⅲ) MOFs as a multi-chemosensor to Cr (Ⅵ) -containing anion and Fe (Ⅲ) cation based on a flexible ligand [J]. J. Solid State Chem., 2018, 258: 176–180.

［95］Peter A, Mohan M, Maris T, et al. Comparing crystallizations in three dimensions and two dimensions: Behavior of isomers of [2, 2'-bipyridine] dicarbonitrile and [1, 10-Phenanthroline] dicarbonitrile [J]. Cryst. Growth Des., 2017, 17 (10): 5242–5248.

［96］Li Z M, Qiao Y, Liu C B, et al. Syntheses, crystal structures, adsorption properties and visible photocatalytic activities of highly stable Pb−based coordination polymers constructed by 2- (2-carboxyphenyl) imidazo (4, 5-f) – (1, 10) phenanthroline and bridging linkers [J]. Dalton Trans., 2018, 47 (23): 7761–7775.

［97］Qiao Y, Li Z M, Wang X B, et al. Thermal behaviors and adsorption properties of two Europium (Ⅲ) complexes based on 2- (4-carboxyphenyl) imidazo [4, 5-f] -1, 10-phenanthroline [J]. Inorg. Chim. Acta, 2018, 471: 397–403.

［98］Qiao Y, Zhou Y F, Guan W S, et al. Syntheses, structures, and photocatalytic properties of two new one-dimensional chain transition metal complexes with mixed N, O-donor ligands [J]. Inorg. Chim. Acta, 2017, 466: 291–297.

［99］Ugale B, Dhankhar S S, Nagaraja C M. Construction of 3D homochiral metal-organic frameworks (MOFs) of Cd (Ⅱ): Selective CO_2 adsorption and catalytic properties for the knoevenagel and henry reaction [J]. Inorg. Chem. Front., 2017, 4: 348–359.

［100］Wang C C, Gao F, Guo X X, et al. Hydrothermal syntheses and photocatalytic performance of three Mn-based coordination complexes constructed from 1, 10-phenanthroline and polycarboxylic acids [J]. Transit. Metal. Chem., 2016, 41 (4): 375–385.

［101］Sheldrick G M. Crystal structure refinement with SHELXL [J]. Acta Crystallogr. C, 2015, 71 (1): 3–8.

［102］Paul A K, Kanagaraj R, Jana A K, et al. Novel amine templated three-dimensional zinc-organophosphonates with variable pore-openings [J]. CrystEngComm, 2017, 19 (43): 6425–6435.

［103］Su F，Zhou C Y，Han C，et al. Binuclear Mn^{2+} complexes of a biphenyltetracarboxylic acid with variable n-donor ligands：syntheses，structures，and magnetic properties ［J］. CrystEngComm，2018，20（13）：1818-1831.

［104］Ugale B，Nagaraja C M. Construction of 2D interwoven and 3D metal-organic frameworks （MOFs）of Cd（Ⅱ）：The effect of ancillary ligands on the structure and the catalytic performance for the knoevenagel reaction ［J］. RSC Adv.，2016，6（34）：28854-28864.

［105］Spek A L. Single-crystal structure validation with the program PLATON ［J］. J. Appl. Crystallogr.，2003，36（1）：7-13.

［106］Yang J，Li G D，Cao J J，et al. Structural variation from 1D to 3D：Effects of ligands and solvents on the construction of lead（Ⅱ）-organic coordination polymers ［J］. Chem. Eur. J.，2007，13（11）：3248-3261.

［107］Yang J，Ma J F，Liu Y Y，et al. Organic-acid effect on the structures of a series of lead （Ⅱ）complexes ［J］. Inorg. Chem.，2007，46（16）：6542-6555.

［108］Ma Z，Chen D，Gu J，et al. Determination of pyrolysis characteristics and kinetics of palm kernel shell using TGA-FTIR and model-free integral methods ［J］. Energy Convers. Manage.，2015，89：251-259.

［109］Fasina O，Littlefield B. TG-FTIR analysis of pecan shells thermal decomposition ［J］. Fuel Process. Technol.，2012，102：61-66.

［110］Edreis E M A，Luo G Q，Li A，et al. CO_2 co-gasification of lower sulphur petroleum coke and sugar cane bagasse via TG-FTIR analysis technique ［J］. Bioresour. Technol.，2013，136：595-603.

［111］Dai M，Su X R，Wang X，et al. Three zinc（Ⅱ）coordination polymers based on tetrakis（4-pyridyl）cyclobutane and naphthalenedicarboxylate linkers：Solvothermal syntheses，structures，and photocatalytic properties ［J］. Cryst. Growth Des.，2013，14（1）：240-248.

［112］Qi Z，Chen Y. Charge-transfer-based terbium MOF nanoparticles as fluorescent pH sensor for extreme acidity ［J］. Biosens. Bioelectron.，2017，87：236-241.

［113］Cui Y，Zhu F，Chen B，et al. Metal-organic frameworks for luminescence thermometry ［J］. Chem. Commun.，2015，51（35）：7420-7431.

［114］Li Y，Liu K，Li W J，et al. Coordination polymer nanoarchitecture for nitroaromatic sensing by static quenching mechanism ［J］. J. Phys. Chem. C，2015，119（51）：28544-28550.

[115] Chen D S, Sun L B, Liang Z Q, et al. Conformational supramolecular isomerism in two-dimensional fluorescent coordination polymers based on flexible tetracarboxylate ligand [J]. Cryst. Growth Des., 2013, 13 (9): 4092-4099.

[116] Cui J W, Hou S X, Li Y H, et al. A multifunctional Ni (Ⅱ) coordination polymer: synthesis, crystal structure and applications as a luminescent sensor, electrochemical probe, and photocatalyst [J]. Dalton Trans., 2017, 46 (48): 16911-16924.

[117] Xu C Y, Li L K, Wang Y P, et al. Three-dimensional Cd (Ⅱ) coordination polymers based on semirigid bis (methylbenzimidazole) and aromatic polycarboxylates: syntheses, topological structures and photoluminescent properties [J]. Cryst. Growth Des., 2011, 11 (10): 4667-4675.

[118] Li H H, Zeng X H, Wu H Y, et al. Incorporating guest molecules into honeycomb structures constructed from uranium (Ⅵ) -polycarboxylates: structural diversities and photocatalytic activities for the degradation of organic dye [J]. Cryst. Growth Des., 2015, 15 (1): 10-12.

[119] Mahmoodi N M, Arami M, Limaee N Y, et al. Decolorization and aromatic ring degradation kinetic of direct red 80 by UV oxidation in the presence of hydrogen peroxide utilizing TiO_2 as a photocatalyst [J]. Chem. Eng. J., 2005, 112 (1-3): 191-196.

[120] Messerer A, Niessner R, Pöschl U. Comprehensive kinetic characterization of the oxidation and gasification of model and real diesel soot by nitrogen oxides and oxygen under engine exhaust conditions: Measurement, langmuir-hinshelwood, and srrhenius parameters [J]. Carbon, 2006, 44 (2): 307-324.

[121] Grancha T, Ferrando-Soria J, Zhou H C, et al. Postsynthetic improvement of the physical properties in a metal-organic framework through a single crystal to single crystal transmetallation [J]. Angew. Chem. Int. Edit., 2015, 54 (22): 6521-6525.

[122] Wen L L, Zhou L, Zhang B G, et al. Multifunctional amino-decorated metal-organic frameworks: nonlinear-optic, ferroelectric, fluorescence sensing and photocatalytic properties [J]. J. Mater. Chem., 2012, 22 (42): 22603-22609.

[123] Meng Q G, Xin X L, Zhang L L, et al. A multifunctional Eu MOF as a fluorescent pH sensor and exhibiting highly solvent-dependent adsorption and degradation of rhodamine B [J]. J. Mater. Chem. A, 2015, 3 (47): 24016-24021.

[124] Tian D, Chen Q, Li Y, et al. A mixed molecular building block strategy for the design of nested polyhedron metal-organic frameworks [J]. Angew. Chem. Int. Edit., 2014, 53 (3): 837-841.

［125］Zhang C Y, Che Y K, Zhang Z X, et al. Fluorescent nanoscale zinc（Ⅱ）-carboxylate coordination polymers for explosive sensing［J］. Chem. Commun., 2011, 47（8）: 2336–2338.

［126］Karmakar A, Kumar N, Samanta P, et al. A post-synthetically modified MOF for selective and sensitive aqueous-phase detection of highly toxic cyanide ions［J］. Chem. Eur. J., 2016, 22（3）: 864–868.

［127］Hu Z C, Deibert B J, Li J. Luminescent metal-organic frameworks for chemical sensing and explosive detection［J］. Chem. Soc. Rev., 2014, 43（16）: 5815–5840.

［128］Yan Y T, Zhang W Y, Zhang F, et al. Four new metal-organic frameworks based on diverse secondary building units: sensing and magnetic properties［J］. Dalton Trans., 2018, 47（5）: 1682–1692.

［129］Wang Y, Yang H, Cheng G, et al. A new Tb（Ⅲ）-functionalized layer-like Cd MOF as luminescent probe for high-selectively sensing of Cr^{3+}［J］. CrystEngComm, 2017, 19（48）: 7270–7276.

［130］Liu W, Xie J, Zhang L, et al. A hydrolytically stable uranyl organic framework for highly sensitive and selective detection of Fe^{3+} in aqueous media［J］. Dalton Trans., 2018, 47（3）: 649–653.

［131］Zhou Y, Chen H H, Yan B. An Eu^{3+} post-functionalized nanosized metal-organic framework for cation exchange-based Fe^{3+}-sensing in an aqueous environment［J］. J. Mater. Chem. A, 2014, 2（33）: 13691–13697.

［132］Czarnik A W. A sense for landmines［J］. Nature, 1998, 394（6692）: 417–418.

［133］Liu J Q, Luo Z D, Pan Y, et al. Recent developments in luminescent coordination polymers: Designing strategies, sensing application and theoretical evidences［J］. Coordin. Chem. Rev., 2020, 406: 213145–213190.

［134］Yousaf A, Xu N, Arif A M, et al. A triazine-based metal-organic framework with solvatochromic behaviour and selectively sensitive photoluminescent detection of nitrobenzene and Cu^{2+} ions［J］. Dyes. Pigments, 2019, 163: 159–167.

［135］Pramanik S, Zheng C, Zhang X, et al. New microporous metal-organic framework demonstrating unique selectivity for detection of high explosives and aromatic compounds［J］. J. Am. Chem. Soc., 2011, 133（12）: 4153–4155.

［136］Ning E L, Yang L Y, Tu B B, et al. Interface construction in microporous metal-organic frameworks from luminescent terbium-based building blocks［J］. J. Colloid Interf. Scid., 2019, 552: 372–377.

［137］Zhang L，Kang Z，Xin X，et al. Metal-organic frameworks based luminescent materials for nitroaromatics sensing ［J］. CrystEngComm，2016，18（2）：193–206.

［138］Ye J，Zhao L，Bogale R F，et al. Highly selective detection of 2，4，6-trinitrophenol and Cu²⁺ ions based on a fluorescent cadmium-pamoate metal-organic framework ［J］. Chem. Eur. J.，2015，21（5）：2029–2037.

［139］Majumder P S，Gupta S K. Hybrid reactor for priority pollutant nitrobenzene removal ［J］. Water Res.，2003，37（18）：4331–4336.

［140］Boyd S A，Sheng G，Teppen B J，et al. Mechanisms for the adsorption of substituted nitrobenzenes by smectite clays ［J］. Environ. Sci. Technol.，2001，35（21）：4227–4234.

［141］Cronin M T D，Gregory B W，Schultz T W. Quantitative structure-sctivity analyses of nitrobenzene toxicity to tetrahymena pyriformis ［J］. Chem. Res. Toxicol.，1998，11（8）：902–908.

［142］Dai M，Su X R，Wang X，et al. Three zinc（Ⅱ）coordination polymers based on tetrakis（4-pyridyl）cyclobutane and naphthalenedicarboxylate linkers：solvothermal syntheses，structures，and photocatalytic properties ［J］. Cryst. Growth Des.，2013，14（1）：240–248.

［143］Kreno L E，Leong K，Farha O K，et al. Metal-organic framework materials as chemical sensors ［J］. Chem. Rev.，2011，112（2）：1105–1125.

［144］Qi Z，Chen Y. Charge-transfer-based terbium MOF nanoparticles as fluorescent pH sensor for extreme acidity ［J］. Biosens. Bioelectron.，2017，87：236–241.

［145］Dalapati R，Biswas S. Post-synthetic modification of a metal-organic framework with fluorescent-tag for dual naked-eye sensing in aqueous medium ［J］. Sensor. Actuat. B Chem.，2017，239：759–767.

［146］Pan Y，Su H Q，Zhou E L，et al. A stable mixed lanthanide metal-organic framework for highly sensitive thermometry ［J］. Dalton Trans.，2019，48（11）：3723–3729.

［147］Cui J W，Hou S X，Li Y H，et al. A multifunctional Ni（Ⅱ）coordination polymer：synthesis，crystal structure and applications as a luminescent sensor，electrochemical probe，and photocatalyst ［J］. Dalton Trans.，2017，46（48）：16911–16924.

［148］Mu Y，Han G，Li Z，et al. Effect of organic polycarboxylate ligands on the structures of a series of zinc（Ⅱ）coordination polymers based on a conformational bis-triazole ligand ［J］. Cryst. Growth Des.，2012，12（3）：1193–1200.

［149］Xing S H，Bai T Y，Zeng G，et al. Rational design and functionalization of a Zn-MOF for highly selective detection of TNP [J]. ACS. Appl. Mater. Interfaces, 2017, 9 (28): 23828–23835.

[150] Wang W, Yang J, Wang R, et al. Luminescent terbium-organic framework exhibiting selective sensing of nitroaromatic compounds (NACs) [J]. Cryst. Growth Des., 2015, 15 (6): 2589–2592.

[151] Xu X Y, Yan B. Eu (Ⅲ)-functionalized MIL-124 as fluorescent probe for highly selectively sensing Ions and organic small molecules especially for Fe (Ⅲ) and Fe (Ⅱ) [J]. ACS. Appl. Mater. Interfaces, 2015, 7 (1): 721–729.

[152] Kent C A, Mehl B P, Ma L, et al. Energy transfer dynamics in metal-organic frameworks [J]. J. Am. Chem. Soc., 2010, 132 (37): 12767–12769.

[153] Wen R M, Han S D, Ren G J, et al. A flexible zwitterion ligand based lanthanide metal-organic framework for luminescence sensing of metal ions and small molecules [J]. Dalton Trans., 2015, 44 (24): 10914–10917.

[154] Xu H, Fang M, Cao C S, et al. Unique (3, 4, 10)-connected lanthanide-organic framework as a recyclable chemical sensor for detecting Al^{3+} [J]. Inorg. Chem., 2016, 55 (10): 4790–4794.

[155] Almeida Paz F A, Klinowski J, Vilela S M F, et al. Ligand design for functional metal-organic frameworks [J]. Chem. Soc. Rev., 2012, 41 (3): 1088–1110.

[156] Xu C, Kirillov A M, Shu Y B, et al. Photoluminescence enhancement induced by a halide anion encapsulation in a series of novel lanthanide (Ⅲ) coordination polymers [J]. CrystEngComm, 2016, 18 (7): 1190–1199.

[157] Kreno L E, Leong K, Farha O K, et al. Metal-organic framework materials as chemical sensors [J]. Chem. Rev., 2012, 112 (2): 1105–1125.

[158] Rocha J, Carlos L D, Ananias D, et al. Luminescent multifunctional lanthanides-based metal-organic frameworks [J]. Chem. Soc. Rev., 2011, 40 (15): 926–940.

[159] Hu Z C, Deibert B J D, Li J. Luminescent metal-organic frameworks for chemical sensing and explosive detection [J]. Chem. Soc. Rev., 2014, 43 (16): 5815–5840.

[160] Mahata P, Mondal S K, Singhaa D K, et al. Luminescent rare-earth based MOFs as optical sensors [J]. Dalton Trans., 2017, 46 (2): 301–328.

[161] Aron A T, Loehr M O, Bogena J, et al. An endoperoxide reactivity-based FRET probe for ratiometric fluorescence imaging of labile iron pools in living cells [J]. J. Am. Chem. Soc., 2016, 138 (43): 14338.

[162] Salinas Y, Manez M R, Marcos M D, et al. Optical chemosensors and reagents to detect

explosives [J]. Chem. Soc. Rev., 2012, 41 (3): 1261–1296.

[163] Pramanik S, Zheng C, Zhang X, et al. New microporous metal-organic framework demonstrating unique selectivity for detection of high explosives and aromatic compounds [J]. J. Am. Chem. Soc., 2011, 133 (12): 4153–4155.

[164] Lan A, Li K, Wu H, et al. A luminescent microporous metal-organic framework for the fast and reversible detection of high explosives [J]. Angew. Chem. Int. Edit., 2009, 48 (13): 2334–2338.

[165] Qiao W Z, Xu H, Cheng P, et al. 3d-4f heterometal-organic frameworks for efficient capture and conversion of CO_2 [J]. Cryst. Growth Des., 2017, 17 (6): 3128–3133.

[166] Zheng B, Bai J, Duan J, et al. Enhanced CO_2 binding affinity of a high-uptake rht-type metal-organic framework decorated with acylamide groups [J]. J. Am. Chem. Soc., 2011, 133 (4): 748–751.

[167] Ugale B, Dhankhar S S, Nagaraja C M. Construction of 3-fold-interpenetrated three-dimensional metal-organic frameworks of nickel (II) for highly efficient capture and conversion of carbon dioxide [J]. Inorg. Chem., 2016, 55 (20): 9757–9766.

[168] Langmi H W, Ren J, North B, et al. Hydrogen storage in metal-organic frameworks: A review [J]. Electrochim. Acta, 2014, 128 (10): 368–392.

[169] Zhou Y, Chen H H, Yan B. An Eu^{3+} post-functionalized nanosized metal-organic framework for cation exchange-based Fe^{3+}-sensing in an aqueous environment [J]. J. Mater. Chem. A, 2014, 2 (33): 13691–13697.

[170] Wu Q R, Wang J J, Hu H M, et al. A series of lanthanide coordination polymers with 4'-(4-carboxyphenyl)-2, 2:6', 2''-terpyridine: syntheses, crystal structures and luminescence properties [J]. Inorg. Chem. Commun., 2011, 14 (3): 484–488.

[171] Wang D, Sun L B, Hao C Q, et al. Lanthanide metal-organic frameworks based on a 1, 2, 3-triazole-containing tricarboxylic acid ligand for luminescence sensing of metal ions and nitroaromatic compounds [J]. RSC Adv., 2016, 6 (63): 57828–57834.

[172] Li Q Y, Ma Z, Zhang W Q, et al. AIE-active tetraphenylethene functionalized metal-organic framework for selective detection of nitroaromatic explosives and organic photocatalysis [J]. Chem. Commun., 2016, 52 (75): 11284–11287.

[173] Salinas Y, Maez M R, Marcos M D, et al. Optical chemosensors and reagents to detect explosives [J]. Chem. Soc. Rev., 2012, 41 (3): 1261–1296.

[174] Zhang Q, Geng A, Zhang H, et al. An independent 1D single-walled metal-organicnanotube transformed from a 2D layer exhibits highly selective and reversible

sensing of nitroaromatic compounds ［J］. Chem. Eur. J., 2014, 20（17）: 4885-4890.

［175］Gong Y N, Jiang L, Lu T B. A highly stable dynamic fluorescent metal-organic framework for selective sensing of nitroaromatic explosives ［J］. Chem. Commun., 2013, 49（94）: 11113-11115.

［176］Guo M, Sun Z M. Solvents control over the degree of interpenetration in metal-organic frameworks and their high sensitivities for detecting nitrobenzene at ppm level ［J］. J. Mater. Chem., 2012, 22（31）: 15939-15946.

［177］Wei W, Sun R, Cui J, et al. Removal of nitrobenzene from aqueous solution by adsorption on nanocrystalline hydroxyapatite ［J］. Desalination, 2010, 263（1-3）: 89-96.

［178］Lin S, Song Z, Che G, et al. Adsorption behaviorof metal-organic frameworks for methylene blue from aqueous solution ［J］. Micropor. Mesopor. Mat., 2014, 193: 27-34.

［179］Lu G, Li S, Guo Z, et al. Imparting functionality to a metal-organic framework material by controlled nanoparticle encapsulation ［J］. Nat. Chem., 2012, 4（4）: 310-316.

［180］Gao H Y, Luan Y, Chaikittikul K, et al. A facile in-situ self-assembly strategy for large-scale fabrication of CHS@MOFs yolk/shell structure and its catalytic application in a flow system ［J］. ACS Appl. Mater. Interfaces, 2015, 7（8）: 4667-4674.

［181］Zhao Y C, Li X, Liu J D, et al. MOF-derived ZnO/Ni$_3$ZnC$_{0.7}$/C hybrids yolk-shell microspheres with excellent electrochemical performances for lithium ion batteries ［J］. ACS Appl. Mater. Interfaces, 2016, 8（10）: 6472-6480.

［182］Liu B J, Yang F, Zou Y X, et al. Adsorption of phenol and p-nitrophenol from aqueous solutions on metal-organic frameworks: Effect of hydrogen bonding ［J］. J. Chem. Eng. Data, 2014, 59（5）: 1476-1482.

［183］Xie L T, Liu D H, Huang H L, et al. Efficient capture of nitrobenzene from waste water using metal-organic frameworks ［J］. Chem. Eng. J., 2014, 246: 142-149.

［184］Liu C B, Song Z L, Che G B, et al. Adsorption behavior of metal-organic frameworks for methylene blue from aqueous solution ［J］. Micropor. Mesopor. Mat., 2014, 193（15）: 27-34.

［185］Lu M C, Roam G D, Chen J N, et al. Adsorption characteristics of dichlorvos onto hydrous titanium dioxide surface ［J］. Water Res., 1996, 30（7）: 1670-1676.

［186］Hasan Z, Jhung S H. Removal of hazardous organics from water using metal-organic frameworks（MOFs）: plausible mechanisms for selective adsorptions［J］. J. Hazard. Mater., 2015, 283: 329–339.

［187］Bansiwal A, Pillewan P, Biniwale P B, et al. Copper oxi incorporated mesoporous alumina for defluoridation of drinking water［J］. Micropor. Mesopor. Mater., 2010, 129（1–2）: 54–61.

［188］Qin Q D, Ma J, Liu K. Adsorption of nitrobenzene from aqueous solution by MCM-41［J］. J. Colloid Interface Sci., 2007, 315（1）: 80–86.

［189］Deng H, Yu X. Fluoride sorption by metal ion-loaded fibrous protein［J］. Ind. Eng. Chem. Res., 2012, 51（5）: 2419–2427.

［190］Wang L P, Huang Z C, Zhang M Y, et al. Adsorption of methylene blue from aqueous solution on modified ACFs by chemical vapor desorption［J］. Chem. Eng. J., 2012, 189–190: 168–174.

［191］Salameh Y, Lagtah A N, Ahmad M N M, et al. Kinetic and thermodynamic investigations on arsenic adsorption onto dolomitic sorbents［J］. Chem. Eng. J., 2010, 160: 440–446.

［192］Chana L S, Cheung W H, Allen S J, et al. Separation of acid-dyes mixture by bamboo derived active carbon［J］. Sep. Purif. Technol., 2009, 67（2）: 166–172.